高等职业教育新一代信息通信技术专业产教融合新型活页式教材

计算机网络基础

主　编◎曾　浩　凌　波
副主编◎杨明昕　汪　洋

西南交通大学出版社
·成都·

图书在版编目（CIP）数据

计算机网络基础 / 曾浩，凌波主编. -- 成都：西南交通大学出版社，2024.12. -- ISBN 978-7-5774-0057-0

Ⅰ. TP393

中国国家版本馆CIP数据核字第2025GD4881号

Jisuanji Wangluo Jichu
计算机网络基础

主编 / 曾浩 凌波	策划编辑 / 李华宇 李芳芳
	责任编辑 / 李华宇
	责任校对 / 蔡 蕾
	封面设计 / 吴 兵

西南交通大学出版社出版发行

（四川省成都市金牛区二环路北一段111号西南交通大学创新大厦21楼 610031）

营销部电话：028-87600564　028-87600533

网址：https://www.xnjdcbs.com

印刷：四川玖艺呈现印刷有限公司

成品尺寸　185 mm×260 mm
印张　12.75　字数　295千
版次　2024年12月第1版
印次　2024年12月第1次

书号　ISBN 978-7-5774-0057-0
定价　45.00元

课件咨询电话：028-81435775
图书如有印装质量问题　本社负责退换
版权所有　盗版必究　举报电话：028-87600562

前　言

党的二十大报告指出，加快建设国家战略人才力量，努力培养造就更多大师、战略科学家、一流科技领军人才和创新团队、青年科技人才、卓越工程师、大国工匠、高技能人才。

在 21 世纪的信息时代，网络技术已然成为社会发展的重要推动力。随着互联网的普及和信息技术的飞速发展，网络已经成为我们工作、学习和生活中不可或缺的一部分。无论是教育的改革、企业的运营，还是个人生活的便利，都与网络技术的进步息息相关。因此，掌握网络技术的基本原理和应用技能，对于每一个现代人来说都具有重要的意义。

本书将为读者提供一个全面、系统的计算机网络知识体系，在内容安排上，遵循"由浅入深、循序渐进"的原则，从基础的网络概念、发展历程，到复杂的网络协议、路由技术，再到现代网络中的安全和管理问题，本书力求涵盖计算机网络领域的各个层面，从而为读者筑牢坚实的知识根基；在编写过程中，注重理论与实践的结合，使每一个概念、每一项技术都能与实际应用相对应。本书包含大量的图表、实例和操作步骤，旨在帮助读者更好地理解和掌握网络技术；同时，尽可能简化复杂的技术细节，使读者能够快速抓住网络技术的核心要点。

本书可作为高等职业院校计算机和信息类专业的教材，也可作为网络工程师和 IT 专业人士的参考书，还可作为网络技术初学者的入门教程。

我们殷切期望读者在学习本书后，不仅可以掌握计算机网络的基础知识与关键技术，更能培养其解决实际问题的能力。网络技术处于持续发展和变化之中，我们鼓励读者在学习时保持好奇心与探索精神，不断追求新知识，从而适应未来网络技术的发展。

本书由成都工业职业技术学院曾浩、凌波担任主编,成都工业职业技术学院杨明昕、汪洋担任副主编。具体编写分工如下:曾浩、凌波编写项目1,汪洋、凌波编写项目2,杨明昕、凌波编写项目3,凌波编写项目4~项目13。曾浩负责总体规划,凌波负责统稿和定稿。

由于编者水平有限,书中难免存在疏漏和不足之处,恳请广大读者批评指正。

编 者

2024年10月

扫码下载本书数字资源

目　录

项目 1　计算机网络概述 ··· 001

1.1　计算机网络定义 ·· 001
1.2　计算机网络的发展历程 ·· 001
1.3　计算机网络类别 ·· 002
1.4　网络拓扑结构 ··· 005
1.5　计算机网络的性能指标 ·· 006
1.6　计算机网络的通信方式 ·· 006
1.7　传输介质 ··· 008

项目 2　OSI 参考模型和 TCP/IP 协议 ·· 013

2.1　计算机网络体系结构及协议 ··· 013
2.2　OSI 参考模型 ··· 014
2.3　TCP/IP 协议 ·· 019

项目 3　以太网技术 ··· 032

3.1　以太网技术 ·· 032
3.2　WLAN 基础 ··· 038

项目 4　VRP 基础 ··· 045

4.1　VRP 概述 ·· 045
4.2　VRP 命令行 ··· 045
4.3　基本配置 ··· 051
4.4　配置文件管理 ··· 053
4.5　文件管理 ··· 056

项目 5　VLAN ·· 062

5.1　VLAN 的基本原理 ··· 062

5.2	VLAN 的分类	064
5.3	链路类型和端口类型	065
5.4	VLAN 配置示例	067
5.5	GVRP	071

项目 6　链路聚合　078

6.1	链路聚合概述	078
6.2	链路聚合的基本原理	079
6.3	配置示例	081

项目 7　生成树协议　086

7.1	网络环路问题	086
7.2	生成树协议的工作原理	087
7.3	RSTP	095
7.4	MSTP	098
7.5	配置示例	099

项目 8　IP 编码　107

8.1	有类编址	107
8.2	无类编址	112

项目 9　路由基础　116

9.1	路由表	116
9.2	路由的基本原理	121

项目 10　直连路由和静态路由　123

10.1	VLAN 间路由	123
10.2	静态路由	131
10.3	配置示例	132

项目 11　RIP 协议　137

11.1	RIP 协议的工作原理	137
11.2	RIP 环路	140
11.3	配置示例	143

项目 12　OSPF 协议 ·················· 149

12.1　OSPF 概述 ·················· 149
12.2　OSPF 的工作原理 ·················· 150
12.3　OSPF 区域 ·················· 156
12.4　配置示例 ·················· 161

项目 13　DHCP ·················· 168

13.1　DHCP 概述 ·················· 168
13.2　DHCP 的工作原理 ·················· 168
13.3　配置示例 ·················· 171

项目 14　访问控制列表 ·················· 178

14.1　ACL 的工作原理 ·················· 178
14.2　配置示例 ·················· 180

项目 15　网络地址转换 ·················· 187

15.1　NAT 概述 ·················· 187
15.2　NAT 的工作原理 ·················· 187
15.3　配置示例 ·················· 190

参考文献 ·················· 196

项目 1　计算机网络概述

1.1　计算机网络定义

计算机网络是指将多台计算机或其他网络设备通过通信链路连接起来,以便彼此之间可以传输数据和共享资源的系统,如图 1.1 所示。计算机网络使得用户可以迅速地传输数据、共享文件、访问远程资源、进行通信等。网络可以覆盖局域网(LAN)、广域网(WAN)、城域网(MAN)等不同范围,也可以通过互联网连接全球范围的网络。计算机网络的发展和应用已经深刻地改变了人们的生活方式、工作方式和社会交往方式。

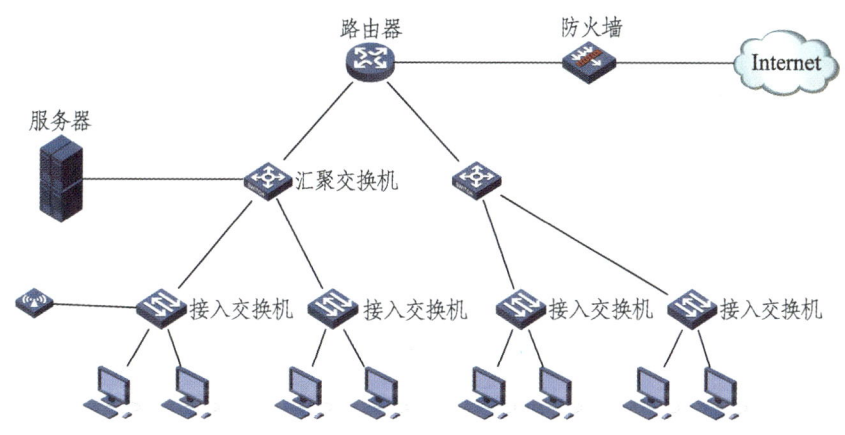

图 1.1　某企业内部网络

1.2　计算机网络的发展历程

计算机网络诞生于 20 世纪 50 年代中期。随着网络技术的发展,网络技术已经进入各行各业,成为人类必不可少的基础资源。计算机网络从简单到复杂,大致可分为主机互连、局域网、互联网(internet)、因特网(Internet)四个阶段。

主机互连:这种产生于 20 世纪 60 年代初期,基于主机(Host)之间的低速串行(Serial)连接的联机系统是计算机网络的最初雏形。在这种早期的网络中,终端借助电话线路访问计算机,由于计算机发送/接收的是数字信号,电话线传输的是模拟信号,这就要求在终端和主机间加入调制解调器(Modem,俗称"猫"),进行数/模间的转换。

在这种联机系统中,计算机是网络的中心,同时也是控制者。这是一种非常原始的计算机网络,它的主要任务是通过远程终端与计算机的连接,提供应用程序执行、远程打印和数据服务等功能。

局域网:20 世纪 70 年代,随着计算机体积、价格的下降,出现了以个人计算机为主的商业计算模式。商业计算的复杂性要求大量终端设备的资源共享和协同操作,导致了对本地大量计算机设备进行网络化连接的需求,局域网由此产生。

当今主流局域网技术——以太网(Ethernet),就是在此时期产生的。1973 年,Xerox 公司的 Robert Metcalfe 博士(以太网之父)提出并实现了最初的以太网。后来,DEC、Intel 和 Xerox 合作制定了一个产品标准,该标准最初以这三家公司名称的首字母命名,称作 DIX 以太网。其他流行的 LAN 技术还有 IBM 的令牌环技术等。

互联网:由于单一的局域网无法满足对网络的多样性要求,20 世纪 70 年代后期,广域网技术逐渐发展起来,以便将分布在不同地域的局域网互相连接起来。1983 年,ARPANET 采纳 TCP(Transmission Control Protocol,传输控制协议)和 IP(Internet Protocol,因特网协议)作为其主要的协议族,使大范围的网络互联成为可能。

因特网:20 世纪 80 年代到 90 年代是网络互联发展时期。在这一时期,ARPANET 网络的规模不断扩大,将全球无数的公司、校园、ISP(Internet Service Provider,网络业务提供商)和个人用户联系起来,最终演变成今天的延伸到全球每一个角落的因特网。1990 年,ARPANET 正式被 Internet 取代,退出了历史舞台。越来越多的机构、个人参与到 Internet 中来,使得 Internet 获得了高速发展。

1.3 计算机网络类别

根据需要,可以将计算机网络分成不同的类别,从地理上划分,可以分为广域网、城域网、局域网等。

1.3.1 广域网

广域网(Wide Area Network,WAN)是一种覆盖广泛地理区域的计算机网络,用于连接距离较远的地点,如不同城市、国家甚至大陆之间的网络,如图 1.2 所示。WAN 通过各种通信技术和设备来实现远程通信和数据传输,使得远距离的计算机和设备可以互相通信和共享资源。

下面是一些关于广域网的特点和例子。

(1)覆盖范围广泛:WAN 覆盖的范围较大,可以横跨城市、国家甚至覆盖全球范围。

(2)使用公共和私有通信线路:WAN 可以使用公共的通信线路(如互联网)或者专门的私有线路(如专线)来连接远程地点。

(3)多种连接技术:WAN 可以使用多种连接技术,包括光纤、卫星、微波、数字电路等,以实现远程通信。

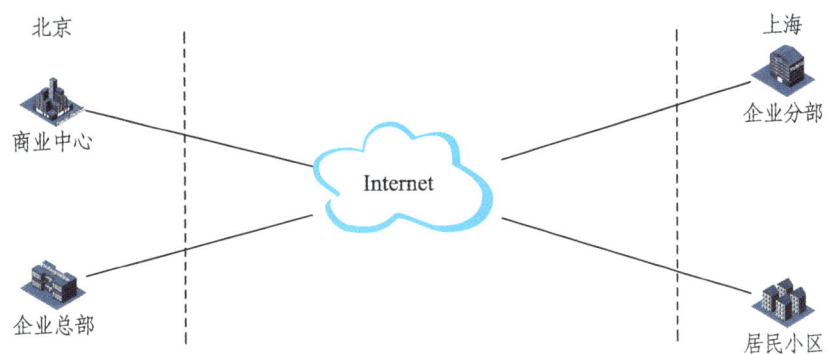

图 1.2　广域网

（4）典型应用：企业通常使用 WAN 来连接分布在不同地点的办公室、数据中心和远程员工，以实现数据共享、远程访问和协作。

总的来说，广域网是连接距离较远地点的计算机网络，为远程通信、数据传输和资源共享提供了重要的基础。

1.3.2　城域网

城域网（Metropolitan Area Network，MAN）是介于局域网（LAN）和广域网（WAN）之间的一种计算机网络类型，覆盖范围通常在一个城市范围内，如图 1.3 所示。城域网连接多个局域网，使得这些局域网之间可以进行数据通信和资源共享。

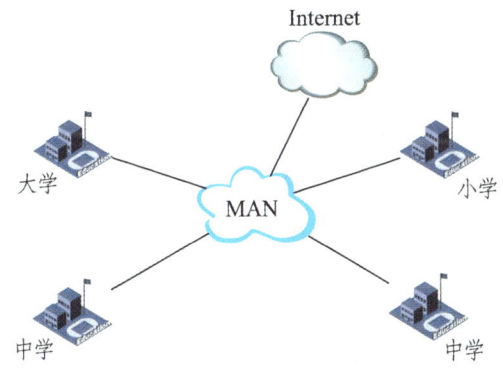

图 1.3　城域网

以下是城域网的一些特点和应用场景。

（1）覆盖范围：城域网覆盖的范围通常在一个城市内，连接城市内的不同地点，如办公楼、校园、医院等。

（2）连接多个局域网：城域网允许连接多个局域网，实现这些局域网之间的数据传输和资源共享。

（3）传输速度：城域网通常具有较高的传输速度，比起广域网来说更快，但比局域网略慢一些。

（4）应用场景：城域网常见于大型城市内的企业、教育机构或政府机构，用于连接分布在城市不同地点的办公室、校园等，实现数据共享、视频会议、远程访问等功能。

城域网在城市范围内提供了高速、可靠的数据通信服务，促进了城市内各个机构和组织之间的信息交流和合作。它扮演着连接局域网和广域网之间的重要角色，填补了局域网覆盖范围较小和广域网覆盖范围较大之间的空缺。

1.3.3　局域网

局域网（Local Area Network，LAN）是一种覆盖范围相对较小的计算机网络，通常局限于建筑物、校园、办公室或者企业内部的局部区域，如图 1.4 所示。局域网连接在同一地理位置内的多台计算机、设备和资源，使它们可以互相通信、共享数据和资源。

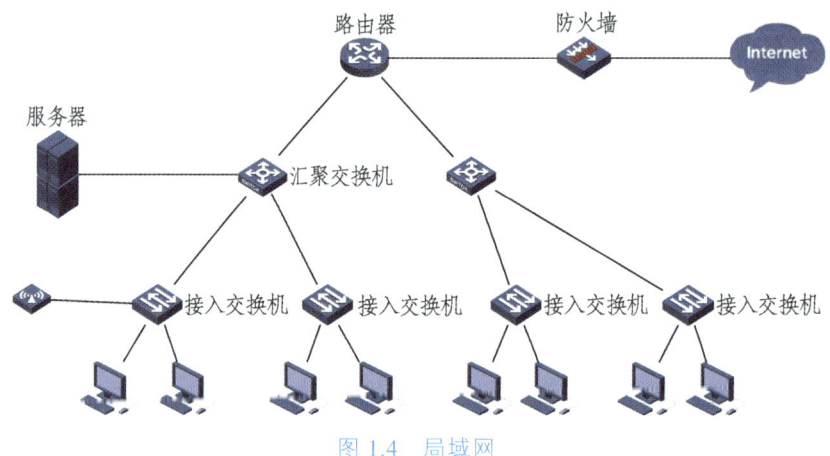

图 1.4　局域网

以下是局域网的一些特点和应用场景。

（1）范围有限：局域网覆盖范围相对较小，通常在一个建筑物或者一组相邻建筑物内。

（2）高传输速度：由于范围较小，局域网通常具有较高的传输速度和低延迟，适合用于快速数据传输和实时通信。

（3）共享资源：局域网允许连接的设备共享打印机、文件、数据库等资源，提高工作效率和协作能力。

（4）常见拓扑结构：局域网通常采用星型拓扑结构，其中所有设备连接到一个中心设备（如交换机或路由器）。

（5）应用场景：局域网常见于家庭、学校、办公室等场所，用于连接个人计算机、服务器、打印机等设备，实现文件共享、网络游戏、互联网访问等功能。

（6）技术：局域网可以使用以太网、Wi-Fi 等技术来实现设备之间的连接和通信。

局域网为组织内部提供了高效的数据通信和资源共享平台，是现代信息技术基础设施中不可或缺的一部分。它为用户提供了便利的网络连接，促进了工作效率和信息交流

1.4 网络拓扑结构

网络拓扑结构指的是计算机网络中各个节点（设备或主机）之间连接的物理或逻辑布局形式。它描述了网络中节点之间的关系和连接方式，决定了数据在网络中的传输路径。

表 1.1 中所展示的是典型的网络拓扑结构，选择适当的拓扑结构可以提供良好的性能、可靠性和可扩展性，同时满足网络中节点之间的通信需求。实际网络中常常会采用混合拓扑结构，结合多种拓扑形式来构建更复杂的网络架构。

表 1.1 网络拓扑类型比较

网络类型	拓扑图	基本特点
总线型网络		总线型网络是所有节点都通过一条共享的传输介质（如电缆）连接在一起。总线型网络适用于小型网络或者需要简单连接的场景，如小型办公室或家庭网络。 优点：搭建相对简单和经济；后期扩展相对比较容易；单个节点故障不影响其他节点；节点之间的通信比较简单和直接。 缺点：由于网络依赖一条总线，传输介质故障则整个网络将受到影响；网络性能受到传输介质的带宽限制，当节点数量增加时，传输介质上的冲突和碰撞会增加，导致网络性能下降；数据包在传输介质上广播，所有节点都可以接收到这些数据包，安全性低
星型网络		星型网络是所有节点都通过一个中心节点连接在一起。星型网络适用于小到中等规模的网络环境，特别是需要易于管理和维护、具备较好性能和可靠性的场景。 优点：结构、建网、管理和维护都相对简单；单个分支节点故障不影响其他节点；有较好的灵活性和可扩展性。 缺点：中心节点负载过重，可靠性下降；通信线路利用率低；搭建和维护成本相对总线型更高
树型网络		树型网络是以树的形式连接了多个节点。树型结构适用于中等规模的网络环境，特别是需要分隔性、冗余路径和灵活性的场景。 优点：具有良好的扩展性；可以将网络划分为多个较小的子网络，从而提高网络的性能和管理效率。 缺点：所有节点都依赖于根节点，层级越高的节点故障所导致的网络问题越大；相较总线型和星型网络，搭建和维护成本都较高
环型网络		环型网络是每个节点都与相邻节点直接连接，形成一个环状的连接，用于小型网络或简单连接的场景，特别是在需要对等连接和均衡负载的应用中。 优点：结构比较简单；节省线缆；网络的可靠性比较高。 缺点：在环路中增加或删除节点比较麻烦；数据包必须在环上传输，直到达到目标节点，会导致网络延迟增加

续表

网络类型	拓扑图	基本特点
全网状网络		全网状网络的每个节点都直接连接到其他节点,形成了一个完全互连的网络。在全网状网络中,每个节点都与其他节点之间建立了独立的连接,不存在中心节点或单一路径。全网状网络适用于对可靠性和性能要求较高的场景,特别是需要冗余路径、高带宽和低延迟的应用场景。 优点:提供了多条冗余路径,提高网络的可靠性;可以实现高带宽和低延迟的数据传输。 缺点:搭建和管理成本较高;随着节点数量的增加,连接数量呈指数级增长
部分网状网络		部分网状网络存在一些核心节点或主要节点,它们与其他节点之间建立了多个连接,而其他节点之间则可能只有少数直接连接或没有直接连接。它适用于需要在网络中建立核心节点和边缘节点之间的多路径连接的场景。 优点:搭建和管理成本低于全网状网络。 缺点:可靠性低于全网状网络

1.5 计算机网络的性能指标

计算机网络的性能会根据具体的应用需求和网络环境进行评估和衡量,主要的性能指标包括以下几部分。

带宽:是指网络传输数据的能力,通常以比特率(b/s)或字节率(B/s)来衡量。需要注意的是,带宽是一个网络的理论上限,实际的数据传输速度可能会受到其他因素的限制,如网络拥塞、延迟、丢包等。

延迟:是指数据从发送端到接收端所需的时间。

丢包率:是指在数据传输过程中丢失的数据包的比例。较低的丢包率表示网络的可靠性较高。

吞吐量:是指网络在单位时间内传输的数据量。它表示网络的数据处理能力和效率。较高的吞吐量表示网络可以更快地传输大量数据。

1.6 计算机网络的通信方式

1.6.1 单工、半双工、全双工通信方式

单工、半双工、全双工是计算机网络中的三种通信方式,它们描述了在通信中发送和接收信息时所使用的不同规则,如图1.5所示。

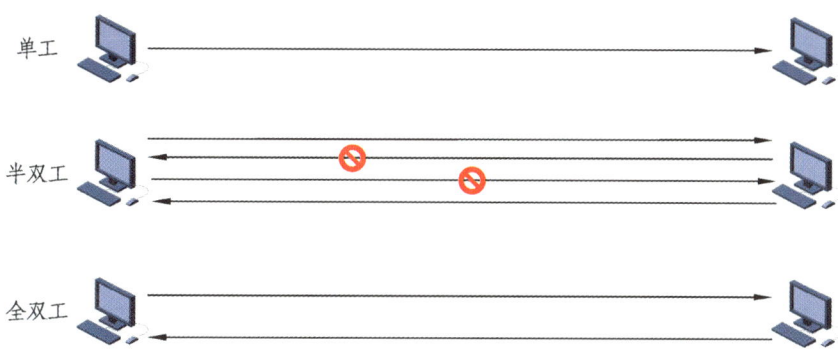

图 1.5 单工、半双工、全双工

单工通信：是指数据在通信中只能单向传输的方式。在单工通信中，通信的一方只能发送数据，而另一方只能接收数据。这意味着数据只能在一个方向上流动，类似于单行道。例如，广播电台向听众发送无线电信号，而听众无法向广播电台发送信息。

半双工通信：是指数据在通信中可以双向传输，但不能同时进行的方式。在半双工通信中，通信的一方可以发送数据，而另一方可以接收数据，但不能同时发送和接收数据。类似于对讲机，当一个人在说话时，另一个人必须等待，然后才能回复。

全双工通信：是指数据在通信中可以双向同时传输的方式。在全双工通信中，通信的双方可以同时发送和接收数据，就像是双向的高速公路。例如，电话通话就是一种全双工通信，双方可以同时说话和听对方说话。

1.6.2 单播、广播、组播数据传输方式

单播、广播和组播是计算机网络中常用的三种数据传输方式，用于将数据从发送方传输到接收方或一组接收方，它们在目标接收方的选择和数据传输的范围上有所不同。

单播：是一种一对一的通信方式，其中数据从一个发送方传输到一个特定的接收方。发送方将数据包发送到目标接收方的唯一地址，通常是接收方的 IP 地址。单播通信是最常见的通信方式，用于点对点通信。例如，在浏览器中请求一个网页时，计算机会通过单播将请求发送给服务器，并且服务器通过单播将网页的响应发送回计算机。

广播：是一种一对多的通信方式，其中数据从一个发送方传输到网络中的所有节点。发送方将数据包发送到特殊的广播地址，该地址用于表示网络中的所有节点。所有接收方都能够接收和处理该数据包。广播通信用于在整个网络中传播信息，以便所有节点都能够收到。例如，当计算机加入一个局域网时，它会接收到由其他计算机发送的广播消息，如网络发现或配置更新。

组播：也是一种一对多的通信方式，其中数据从一个发送方传输到网络中的一组选择性接收方。与广播所不同的是并不是所有节点都能接收到数据，只有加入该组的接收方才能接收和处理该数据。组播通信用于需要将数据传输给特定组内的一组接收方的场景。例如，在视频会议中，视频流可以通过组播传输到所有参与者，而只有参与者加入了特定的组播组才能接收视频流。

1.7 传输介质

传输介质可以被形象地比喻为计算机网络中的"管道"或"路径"，它承载着数据从发送方到接收方的传输过程。就像水管将水从一个地方输送到另一个地方一样，传输介质将数据从一个地方传递到另一个地方。

现代通信技术对信息的传输所使用的信号主要是光信号和电信号，传输方式分为有线传输和无线传输。根据信号的类型和传输的方式，所使用的传输介质主要有玻璃纤维、金属导线和空间三大类。

有线传输介质主要有光纤和电缆，可以将这些传输介质比作一条长而细的管道。数据信号就像水流一样，通过这条管道从发送方流向接收方。这条管道可以有不同的容量，决定了可以通过它传输的数据量。双绞线可能是一条较小的管道，而光纤则可能是一条更宽的管道，可以容纳更多的数据流。

无线传输介质，我们可以将其比作空气中的无形媒介。就像无线电波传播在空气中一样，数据信号通过无线传输介质以电磁波的形式传播。这就像在空中传输的无形管道，使得数据可以从发送方传送到接收方。

1.7.1 同轴电缆

同轴电缆是一种电线及信号传输线，一般是由四层物料制成：处于最内部的是一条导电铜线，线的外面有一层塑胶（作绝缘体、电介质之用）围拢，绝缘体外面又有一层薄的网状导电体（一般为铜或合金），导电体外面是最外层的绝缘物料作为外皮，如图1.6所示。

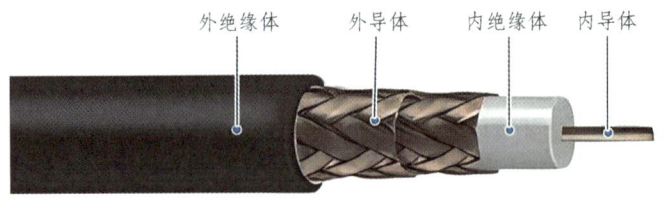

图 1.6 同轴电缆

1.7.2 双绞线

双绞线是一种使用两根绝缘的铜线以扭转方式绞合在一起的有线传输介质，如图1.7所示。双绞线的主要优点之一是具备抗干扰能力，通过扭转线对的方式，可以减少电磁干扰对数据传输的影响。它是计算机网络中最常用的传输介质之一，广泛应用于以太网和电话系统等领域。

双绞线根据其性能和规范分为不同的类别，根据是否包含屏蔽层，双绞线可以分为无屏蔽双绞线（Unshielded Twisted Pair，UTP）和屏蔽双绞线（Shielded Twisted Pair，STP）。这两种类型的双绞线在抗干扰性能和适用环境上有所不同。

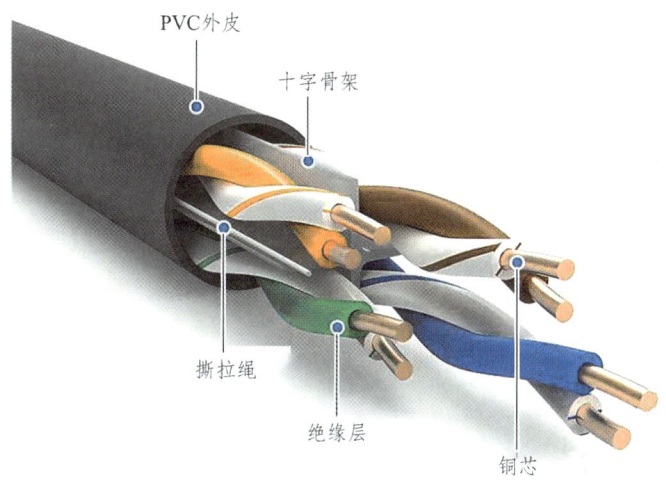

图 1.7 双绞线

无屏蔽双绞线是最常见的双绞线类型（见图 1.7），广泛用于家庭和办公室网络，以及一般数据传输。UTP 没有外部屏蔽层，其绞合的线对直接暴露在外部环境中。尽管没有屏蔽层的保护，UTP 通过扭转线对的方式来减少电磁干扰，确保数据传输的可靠性。

屏蔽双绞线在绞合的线对外部有一个屏蔽层（见图1.8），用于提供更好的抗干扰性能。STP 能够提供比 UTP 更高的抗干扰能力，适用于需要在高干扰环境中进行数据传输的场合。屏蔽层可以有效地阻挡外部电磁干扰对数据传输的影响，使得数据传输更加稳定可靠。

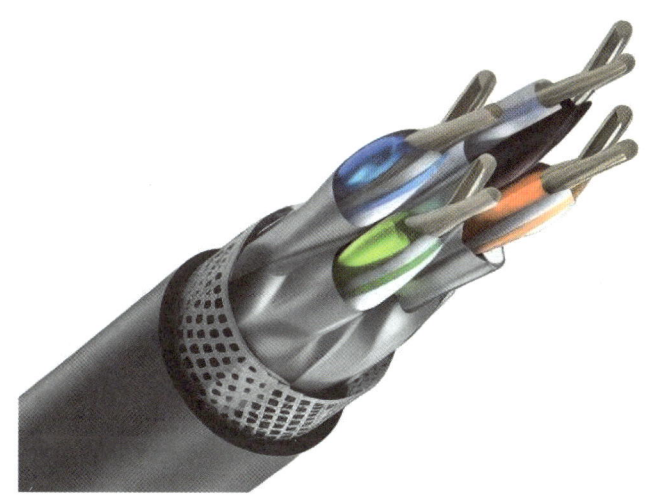

图 1.8 屏蔽网线

根据材料和制作规格的不同，双绞线可以分为三类双绞线、五类双绞线等多个类别。每个类别都有特定的传输速率、频率范围和性能标准。表 1.2 是双绞线常见的分类。

表 1.2　双绞线类型

UTP	说明
一类线（CAT1）	线缆最高频率带宽是 750 kHz，用于报警系统，或只适用于语音传输（一类标准主要用于 20 世纪 80 年代初之前的电话线缆），不用于数据传输
二类线（CAT2）	线缆最高频率带宽是 1 MHz，用于语音传输和最高传输速率 4 Mb/s 的数据传输，常见于使用 4 Mb/s 规范令牌传递协议的旧的令牌网
三类线（CAT3）	在 ANSI 和 EIA/TIA568 标准中指定的电缆，该电缆的传输频率为 16 MHz，最高传输速率为 10 Mb/s，主要应用于语音、10 Mb/s 以太网（10BASE-T）和 4 Mb/s 令牌环，最大网段长度为 100 m，采用 RJ 形式的连接器，已淡出市场
四类线（CAT4）	该类电缆的传输频率为 20 MHz，用于语音传输和最高传输速率 16 Mb/s（指的是 16 Mb/s 令牌环）的数据传输，主要用于基于令牌的局域网和 10BASE-T/100BASE-T，最大网段长为 100 m，采用 RJ 形式的连接器，未被广泛采用
五类线（CAT5）	该类电缆增加了绕线密度，外套一种高质量的绝缘材料，线缆最高频率带宽为 100 MHz，最高传输率为 100 Mb/s，用于语音传输和最高传输速率为 100 Mb/s 的数据传输，主要用于 100BASE-T 和 1000BASE-T 网络，最大网段长为 100 m，采用 RJ 形式的连接器，是最常用的以太网电缆
超五类线（CAT5e）	该类电缆衰减小，串扰少，具有更高的衰减与串扰的比值（ACR）和信噪比（SNR），更小的时延误差，性能得到很大提高，主要用于千兆位以太网（1000 Mb/s）
六类线（CAT6）	该类电缆的传输频率为 1～250 MHz，六类布线系统在 200 MHz 时综合衰减串扰比（PS-ACR）有较大的余量，它提供的带宽是超五类带宽的 2 倍。六类布线的传输性能远远高于超五类标准，最适用于传输速率高于 1 Gb/s 的应用。六类线与超五类线相比，一个重要的不同点在于：改善了在串扰和回波损耗方面的性能，对于新一代全双工的高速网络应用而言，优良的回波损耗性能是极重要的。六类标准中取消了基本链路模型，布线标准采用星型拓扑结构，要求的布线距离：永久链路的长度不超过 90 m，信道长度不超过 100 m
超六类或 6A（CAT6A）	此类产品传输带宽介于六类和七类之间，传输频率为 500 MHz，传输速度为 10 Gb/s，标准外径 6 mm
七类线（CAT7）	传输频率为 600 MHz，传输速度为 10 Gb/s，单线标准外径 8 mm，多芯线标准外径 6 mm

在双绞线的两端一般采用 RJ45 连接器，如图 1.9 所示。RJ45 连接器是一种常用于计算机网络中的连接器，用于连接计算机、路由器、交换机等网络设备。

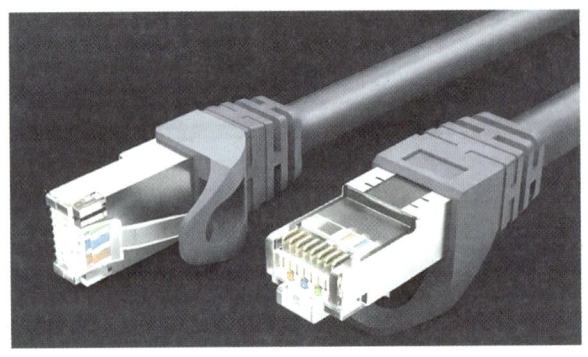

图 1.9　RJ45 连接器

RJ45 连接器具有 8 个金属连接针，这些针通过插入 RJ45 插座中来建立连接。RJ45 连接器使用的线序通常遵循 T568A 或 T568B 标准，如表 1.3 所示。这些标准规定了连接器中每个针脚的连接顺序，以确保正确的数据传输。

表 1.3 RJ45 连接器线序

类型	线序
T568A	白绿、绿、白橙、蓝、白蓝、橙、白棕、棕
T568B	白橙、橙、白绿、蓝、白蓝、绿、白棕、棕

1.7.3 光 纤

光纤是一种用于传输光信号的传输介质，通常由玻璃或塑料制成。我们平常所说的光网络就是使用光纤作为传输介质组成的网络。

随着通信技术的发展，光纤在越来越多场景下代替了传统的铜线，与传统的铜线相比，光纤具有以下几个优点。

（1）高带宽：具有很高的传输带宽，可以传输大量数据。

（2）低信号衰减：光信号在光纤内传输时的衰减很小，可以实现长距离传输。

（3）抗干扰：光纤不受电磁干扰的影响，信号传输更稳定可靠。

（4）安全性：光纤传输的是光信号而非电信号，不易被窃听。

光纤是通过光波在光纤内的全反射进行传输。光纤通常由纤芯、包层和保护套组成，如图 1.10 所示。其中，光波主要在纤芯中进行传输。环绕纤芯的包层折射率低于纤芯，提供镜面反射或光隔离，当光波按照一定的角度射入光纤时，如果入射角超过特定角度，在纤芯和包层之间的界面就会发生全反射现象。保护套为光纤提供机械保护，能够隔绝外部作用力对光纤的损坏。

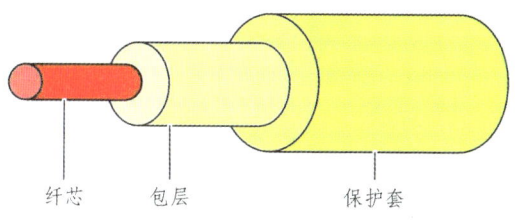

图 1.10 光纤结构

在长距离通信和数据传输中通常会使用到光缆。光缆内部包含有一根或者多根光纤，在光纤的外面包裹上足够强度的外部保护层，如图 1.11 所示。

根据光纤的组成结构差异，通常光纤可分为单模光纤和多模光纤。

单模光纤的纤芯直径较小，通常为 8～10 μm，甚至更小。在工作波长中，只能传输一个传播模式的光纤，传输波长通常在 1 310 nm 或 1 550 nm 的范围内工作。由于单模光纤在长距离通信和高速数据传输方面表现优异，传输距离能达到 20～120 km，因此单模光纤主要用于长距离通信、高速数据传输，以及需要高度精确的光信号传输场景，如电话网络、局域网（LAN）和广域网（WAN）等。一般单模光纤的尾纤和跳纤用黄色表示。

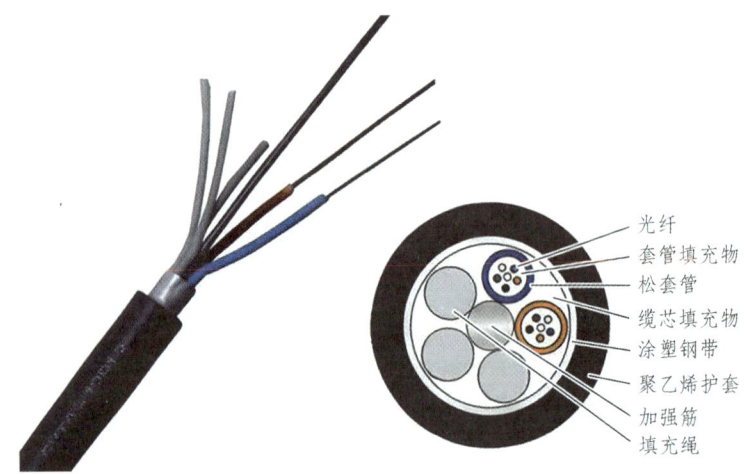

图 1.11　光缆结构

多模光纤的光纤芯直径相对较大，通常在 50～100 μm。多模光纤可以传送多种模式的光源，传输波长通常在 850～1 300 nm。相较单模光纤，多模光纤存在光的色散和衰减问题，导致信号在传输过程中受到更多的衰减和失真，限制了传输距离和数据传输速率，一般传输距离在 2 km 以内。相较于单模光纤，多模光纤生产工艺要求较为简单，生产成本较低，价格更便宜。多模光纤主要用于短距离通信、局域网（LAN）、数据中心连接，以及一些光纤传感应用，如局域网、视频监控和传统的有线电视网络等。一般多模光纤的尾纤和跳纤用橘红色表示。

光纤的安装连接器有多个型号，常见的有 SC 连接器、LC 连接器、FC 连接器和 ST 连接器，如图 1.12 所示。根据应用场景的不同，在不同的设备上会使用不同的连接器。

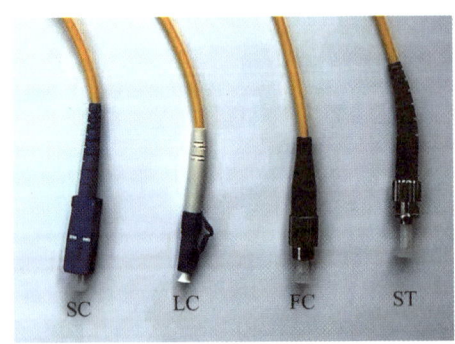

图 1.12　常见光纤连接器

项目 2　OSI 参考模型和 TCP/IP 协议

在网络发展的早期时代，网络技术的发展速度非常快，计算机网络也变得越来越复杂，新的协议和应用不断产生，而网络设备大部分都是按厂商自己的标准生产，相互之间不能兼容，很难相互间进行通信。

为了解决网络之间的兼容性问题，实现网络设备间的相互通信，国际标准化组织（ISO）于 1984 年提出了 OSIRM（Open System Interconnection Reference Model，开放系统互连参考模型）。OSI 参考模型很快成为计算机网络通信的基础模型。

由于种种原因，目前并没有一种完全遵循 OSI 参考模型的协议族广泛流行。相反，源于美国国防部高级研究项目机构（Defense Advanced Research Project Agency，DARPA）20 世纪 60 年代开发的 ARPANET 的 TCP/IP 协议得到了广泛应用，成为了 Internet 的事实标准。

2.1　计算机网络体系结构及协议

计算机网络体系结构采用层次化结构，将整个网络通信的功能分出层次，每层完成特定的功能，并且采用下层为上层提供服务的方式。体系结构分层的原则如下：

（1）网络中各节点都具相同的层次；
（2）不同节点的相同层具有相同的功能；
（3）同一节点内各相邻层之间通过接口通信；
（4）每一层可以使用下层提供的服务，并向其上层提供服务；
（5）不同节点的同等层通过协议实现对等层之间的通信。

计算机网络是将多种计算机和各类终端，通过通信线路连接起来的一个复杂系统，要实现资源共享，就必须使网络上的各个节点使用协调一致的规定，这就是网络协议。协议是指通信双方共同遵守的规则的集合。协议的制定和实现采用层次结构，即将复杂的协议分解为一些简单的分层协议，再综合成总的协议。如果是同等功能层次间双方必须遵守的规定，称为通信协议；如果是同计算机不同功能层间的通信规则，规定了两层之间的接口关系及利用下层的功能为上层提供服务，则称为接口或服务。协议的主要内容包括：

（1）语法，说明数据格式、编码及信号电平等；
（2）语义，用于协调和差错处理的控制信息；
（3）定时，包括速度匹配和排序等。

2.2 OSI 参考模型

OSI（Open Systems Interconnection）参考模型是国际标准化组织（ISO）制定的一个用于计算机网络体系结构的框架。

如图 2.1 所示，OSI 参考模型将网络通信过程分解为 7 个逻辑层，每个层次都有特定的功能和责任，从物理连接到用户应用层面。这 7 个层次按照其功能可以简要描述如下：

物理层（Physical Layer）：负责传输原始比特流，包括数据传输介质、接口和物理连接等。

数据链路层（Data Link Layer）：提供可靠的点对点数据传输，通过物理地址来寻址，通常包括 MAC 地址的处理。

网络层（Network Layer）：负责数据包的路由和转发，通过逻辑地址（如 IP 地址）来寻址，实现不同网络之间的通信。

传输层（Transport Layer）：负责端到端的数据传输，提供可靠的数据传输服务，并处理数据分段和重组。

会话层（Session Layer）：管理通信会话，包括建立、维护和终止会话，以及同步和管理数据交换。

表示层（Presentation Layer）：负责数据的格式化和编码，确保不同系统中的数据可以正确解释和处理。

应用层（Application Layer）：提供网络服务和应用程序之间的接口，包括文件传输、电子邮件、远程登录等。

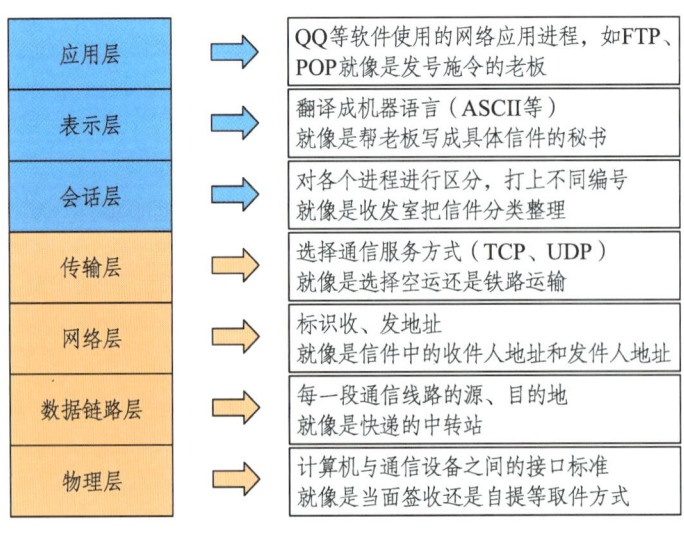

图 2.1　OSI 参考模型

OSI 参考模型的每个层次之间通过明确定义的接口进行通信，上层向下层提供服务，下层向上层提供服务，从而实现了模块化和分层的设计。这种模型使得网络设计、实现和维护更加清晰和简单，同时也促进了不同厂商的设备和软件之间的互操作性。

在计算机网络中,数据包在不同层之间通过添加和移除头部信息来对数据进行控制,这个过程被称为数据的封装和解封装,如图 2.2 所示。

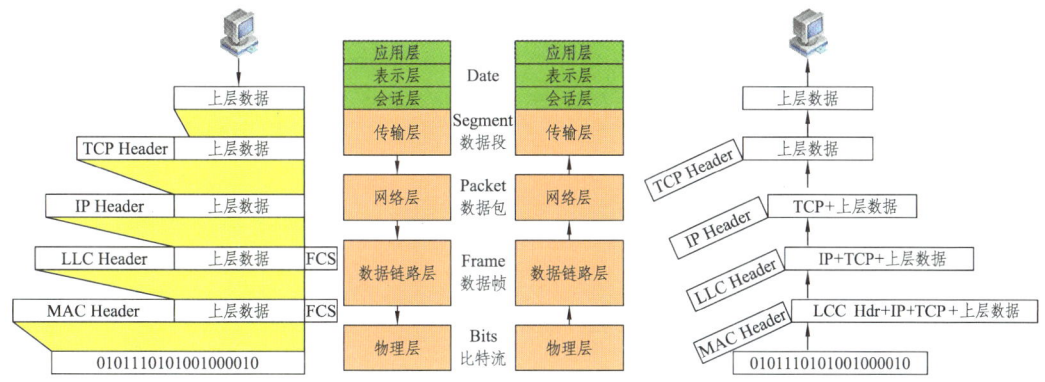

图 2.2　数据的封装和解封装

封装：当数据从源主机发送到目标主机时,数据会在发送端从上至下依次通过应用层、表示层、会话层、传输层、网络层、数据链路层、物理层。在每个层次,数据都会被加上该层所需的头部信息,如目标地址、源地址、校验和等。这个过程就是封装。

解封装：当数据到达目标主机后,数据会在接收端从下至上依次通过物理层、数据链路层、网络层等各个层。在每个层次,数据都会被解封装,即去除该层所加的头部信息,同时提取出该层所需要的数据。最终,数据会被传递到目标应用程序使用。这个过程就是解封装。

与其他的协议标准相比较,OSI 七层参考模型具有分层结构、标准化、易于理解、灵活性、便于故障排除等优点。

2.1.1　物理层

物理层是 OSI 参考模型中的第一层,也是最底层。物理层协议定义了通信传输介质的物理特性,包括电压、接口、线缆标准和传输距离等。物理层的功能是提供数据终端设备（Data Terminal Equipment,DTE）之间、DTE 与数据线路端接设备（Data Circuitterminaing Equipment,DCE）之间的机械连接设备插头、插座的尺寸和端头数及排列等,如图 2.3 所示。

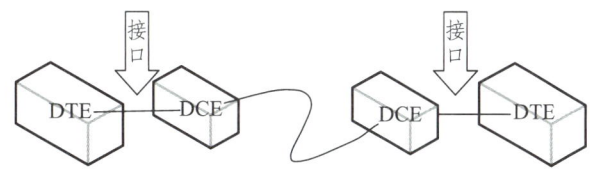

图 2.3　DTE 与 DCE 设备的连接

物理层并不是指物理设备或物理媒介,而是有关物理设备通过物理媒体进行互连的描述和规定。物理层协议定义了通信传输介质的物理特性。

（1）机械特性：说明了接口所用接线器的形状和尺寸、引线数目和排列等，如我们见到的各种规格的电源插头的尺寸都有严格的规定。

（2）电气特性：说明在接口电缆的每根线上出现的电压、电流等的范围。

（3）功能特性：说明某根线上出现的某一电平的电压表示何种意义。

（4）规程特性：说明对不同功能的各种可能事件的出现顺序。

物理层以比特流的方式传送来自数据链路层的数据，而不理会数据的含义或格式。同样，它接收数据后直接传给数据链路层。也就是说，物理层只能看到 0 和 1，它不能理解所处理的比特流的具体意义。

常见的物理层传输介质主要有同轴电缆（Coaxial Cable）、双绞线（Twisted Pair）、光纤（Fiber）和无线电波等。

双绞线是一种在局域网上最为常用的电缆线。每一对双绞线由一对直径约 1 mm 的绝缘铜线缠绕而成，这样可以有效抗干扰。双绞线分为屏蔽双绞线（Shielded Twisted Pair，STP）和非屏蔽双绞线（Unshielded Twisted Pair，UTP）。屏蔽双绞线具有很强的抗电磁干扰和无线电干扰能力，但是价格相对昂贵；非屏蔽双绞线易于安装，价格便宜，但是抗干扰能力相对较弱，传输距离较短。

光纤是另外一种网络传输介质，不受电磁信号的干扰。光纤由玻璃纤维和屏蔽层组成，传输速率高，传输距离远，但是光纤相比其他介质更昂贵。

IEEE 802.3 标准定义了以太网物理层常用的线缆标准。其中，常用的接口线缆标准有 1000BASE-T、1000BASE-SX/LX、10GBase-LR、10GBase-ER 等。典型的局域网物理层设备是集线器。

2.1.2 数据链路层

数据链路层是 OSI 参考模型的第二层，介于物理层和网络层之间，主要负责物理层面上互联节点之间的数据传输。数据链路层利用物理层的服务，在通信实体间传输以帧为单位的数据单元并采用差错控制和流量控制的方法建立可靠的数据传输链路。数据链路层是对物理层传输原始比特流功能的加强，将物理层提供的可能出错的物理连接改造成逻辑上无差错的数据链路，使之对网络层表现为无差错的线路。

数据链路层的作用是负责在某一特定的介质或链路上传递数据。因此，数据链路层协议与链路介质有较强的相关性，不同的传输介质需要不同的数据链路层协议给予支持。

数据链路层的主要功能：

编帧和识别帧：将物理层的比特流编组成帧，并从比特流中识别帧，解帧后传递给网络层。

数据链路的建立、维持和释放：在通信开始时建立数据链路，确保传输过程中的链路安全和稳定，并在通信结束后释放链路。

传输资源控制：在共享介质上，多个设备同时发送数据时，数据链路层协议负责分配和管理传输资源。

流量控制：防止发送数据过快导致接收方缓存溢出和网络拥塞，通过控制发送速率确保数据传输的稳定性。

差错控制：检测和纠正比特流传输中的错误，确保数据帧的完整性。

寻址：标识介质上的所有节点，并找到目的节点，确保数据发送到正确的目的地。

标识上层数据：采用透明传输方法传送网络层包，并在帧的控制信息中标识载荷所属的网络层协议，以便接收方正确处理。

为了在对网络层协议提供统一的接口的同时对下层的各种介质进行管理控制，局域网的数据链路层又被划分为 LLC（Logic Link Control，逻辑链路控制）和 MAC（Media Access Control，介质访问控制）两个子层。交换机就是典型的数据链路层设备。

2.1.3 网络层

网络层是 OSI 参考模型的第三层，处于传输层和数据链路层之间。它负责向传输层提供服务，同时负责将网络地址翻译成对应的物理地址。网络层协议还能协调发送、传输及接收设备的处理能力的不平衡性，如网络层可以对数据进行分段和重组，以使得数据包的长度能够满足该链路的数据链路层协议所支持的最大数据帧长度。

网络层的主要功能：

编址：网络层为每个节点分配唯一的网络地址，这些地址用于标识网络中的设备，并为路径选择提供基础。

路由选择：网络层的关键任务之一是确定数据从源节点到目的节点的最佳路径。路由器是执行路由选择和数据包转发的主要设备。

拥塞控制：当网络中传输的数据包过多时，可能会发生拥塞，导致数据丢失或延迟。网络层负责监控和管理网络流量，以防止拥塞。

数据分段与重组：网络层可以将大数据包分段，以适应不同链路的数据链路层协议所支持的最大帧长度。到达目的地后，再将分段的数据包重新组合。

异种网络互连：网络层能够支持多种类型的通信链路和介质，确保数据能够在不同的网络段之间顺利传输。路由器是实现这一功能的关键设备。

网络层地址存在于 OSI 参考模型的第三层，是对通信节点的标识，也是数据在网络中进行转发的依据。不同的网络层协议具有不同的地址格式。其中，目前应用最广泛的 IP 地址由 4B（字节）组成，通常用点分十进制数字表示。

网络层地址通常具有层次化结构，以便将一个巨大的网络区分成若干小块，以便寻址和管理。一种常见的方法是将网络层地址分为"网络号"和"主机号"，这样在转发数据包时就可以先将其发送到网络地址所标识的网络，再由所在网络上的网关将其发给主机地址所标识的目的主机，如图 2.4 所示。

IP地址	
网络号	主机号
10.	0.0.1

图 2.4　网络层地址

网络层地址通常是由管理员从逻辑上分配的，因此也称为逻辑地址。为了唯一地标识通信节点，任何一个网络层地址在网络中应该是唯一的。

2.1.4 传输层

传输层是 OSI 参考模型的第四层，建立在网络层之上，为源端机到目的机提供可靠的数据传输，通过建立、拆除和管理传输连接，实现传输层地址到网络层地址的映射，完成端到端的可靠透明传输和流量控制，屏蔽通信子网的细节，使高层用户感受到一条可靠的端到端的通信系统，并通过不同的方法降低通信费用，提高报文传送能力。

传输层（Transport Layer）的功能是为会话层提供无差错的传送链路，保证两台设备间传递的信息正确无误。传输层传送的数据单位是段（Segment），从会话层接收数据并传递给网络层，如果会话层数据过大，传输层会将其切割成较小的数据单元进行传送。传输层负责创建端到端的通信连接，使通信双方主机上的应用程序通过对方的地址信息直接进行对话，而无须考虑中间的网络节点。传输层既可为每个会话层请求建立一个单独的连接，也可根据连接的使用情况为多个会话层请求建立一个单独的连接，即多路复用（Multiplexing），但无论哪种方式，传输层服务对会话层都是透明的。

传输层的另一个重要职责是进行差错校验和重传，确保数据在网络传输中即使出现错误、乱序或丢失等情况也能被检测并更正。传输层必须能够识别并恢复数据包的顺序，确保在将内容传递给会话层之前数据包已按发送时的顺序排列，并验证所有包是否均已收到。如果发现错误或丢失，接收方传输层需请求发送方重新传送丢失的包。

传输层负责执行流量控制，以避免发送速度超过网络或接收方的处理能力，通过在资源不足时降低流量、在资源充足时提高流量，确保数据传输的高效性和稳定性。

2.1.5 会话层

会话层位于 OSI 参考模型的第五层，在 OSI 模型中担任着关键的角色。它在传输层提供的端到端服务的基础上，为表示层或会话用户提供会话管理功能。这一层的核心任务是建立和维护网络实体间的会话关系，确保通信的连续性和稳定性。例如，在用户登录远程系统并进行信息交换的过程中，会话层负责建立连接，控制通信双方的发送和接收权限，实施同步机制，从而协调整个会话过程。

此外，会话层还负责差错恢复和数据传输的完整性。当网络出现故障时，它能够通过检查点机制来确定数据传输的断点，从而避免从文件开始处重新传输，提高了网络通信的效率。例如，如果用户在传输大文件时遇到网络中断，会话层允许用户从最后一个检查点而不是文件起始处恢复传输，减少了数据重传的需要。

在面对底层传输中断的情况时，会话层会尝试重新建立通信连接。以拨号上网为例，当用户的电话线意外断开时，会话层能够检测到这种中断，并自动重新发起连接请求，以恢复与 ISP 服务器的会话。这种能力确保了即使在不稳定的网络环境中，用户也能保持持续的网络连接。

2.1.6 表示层

表示层位于 OSI 参考模型的第六层，它在会话层之上、应用层之下，起着至关重要的作用，确保不同系统间的数据交换是可读和有意义的。这一层负责数据的表示、编码和转换。例如，它可能会将文本文件从 ASCII 编码转换为 UTF-8 编码，或者对图像数据进行 JPEG 压缩，以确保数据在不同平台和应用程序之间传输时的兼容性。此外，表示层还涉及数据的安全性，如加密和解密操作，确保数据在传输过程中的机密性和完整性。例如，一个公司的财务软件可能依赖表示层来确保敏感数据在通过网络传输之前被安全加密，而在接收端又被正确解密。通过这些功能，表示层支持了不同计算机系统和应用程序之间的高效数据交换。

2.1.7 应用层

应用层是 OSI 参考模型中的最顶层，即第七层，它直接与用户的应用程序交互，提供网络服务和支持，使应用程序能够利用网络资源。应用层定义了用于不同应用程序的协议和接口，如 HTTP（网页浏览）、FTP（文件传输）、SMTP（电子邮件发送）和 DNS（域名解析），以便于用户访问网络服务。它还负责确保数据在应用进程间的正确传递，包括数据的格式化、授权、身份验证和应用级别的错误控制。简而言之，应用层为用户的应用程序提供了一个网络通信的平台，使得用户可以执行如浏览网页、发送电子邮件等网络活动。

2.3 TCP/IP 协议

TCP/IP 传输协议，即传输控制/网络协议，也叫作网络通信协议。它是在网络使用中的最基本的通信协议。TCP/IP 传输协议对互联网中各部分进行通信的标准和方法进行了规定，并且 TCP/IP 传输协议是保证网络数据信息及时、完整传输的两个重要的协议。TCP/IP 传输协议严格来说是一个四层的体系结构，应用层、传输层、网络层和数据链路层都包含在其中。

2.3.1 TCP/IP 协议发展历程

TCP/IP 协议族起源于 1969 年美国国防部高级研究计划局（Advanced Research Project Agency，ARPA）有关分组交换广域网（Packet Switched Wide Area Network）的科研项目，因此起初的网络称为 ARPA 网。

Internet 网络的前身 ARPANET 当时使用的并不是传输控制协议/网际协议（Transmission Control Protocol/Internet Protocol，TCP/IP），而是一种叫网络控制协议

（Network Control Protocol，NCP）的网络协议，但随着网络的发展和用户对网络的需求不断提高，设计者们发现，NCP 协议存在着很多的缺点以至于不能充分支持 ARPANET 网络，特别是 NCP 仅能用于同构环境中（同构环境是指网络上的所有计算机都运行相同的操作系统），设计者就认为"同构"这一限制不应被加到一个分布广泛的网络上。1980 年，用于"异构"网络环境中的 TCP/IP 协议研制成功，也就是说，TCP/IP 协议可以在各种硬件和操作系统上实现互操作。1982 年，ARPANET 开始采用 TCP/IP 协议。

1973 年，TCP（Transmission Control Protocol，传输控制协议）正式投入使用；1981 年，IP（Internet Protocol，互联网协议）投入使用。TCP/IP 协议族得到了众多厂商的支持，不久就有了很多分散的网络。所有这些单个的 TCP/IP 网络互联起来组成 Internet，基于 TCP/IP 协议族的 Internet 已逐步发展成为当今世界上规模最大、拥有用户和资源最多的超大型计算机网络。

2.3.2　TCP/IP 协议结构

TCP/IP 协议在一定程度上参考了 OSI 的体系结构。OSI 模型共有七层，从下到上分别是物理层、数据链路层、网络层、传输层、会话层、表示层和应用层。但是这显然是有些复杂的，所以在 TCP/IP 协议中，它们被简化为了四个层次，如图 2.5 所示。

（1）应用层、表示层、会话层三个层次提供的服务相差不是很大，所以在 TCP/IP 协议中，它们被合并为应用层一个层次。

（2）由于传输层和网络层在网络协议中的地位十分重要，所以在 TCP/IP 协议中它们被作为独立的两个层次。

（3）因为数据链路层和物理层的内容相差不多，所以在 TCP/IP 协议中它们被归并在网络接口层一个层次里。只有四层体系结构的 TCP/IP 协议，与有七层体系结构的 OSI 相比要简单了不少，也正是这样，TCP/IP 协议在实际的应用中效率更高，成本更低。

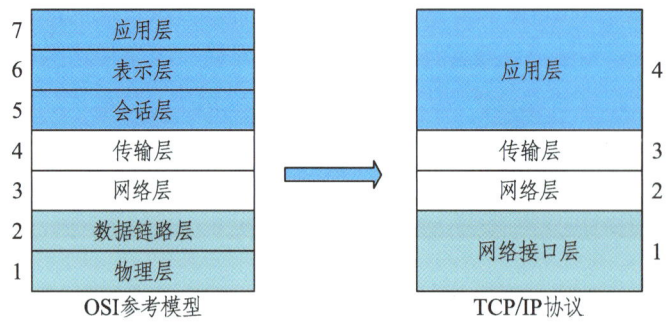

图 2.5　TCP/IP 协议层次结构

TCP/IP 协议族负责确保网络设备之间能够通信。TCP/IP 协议族是数据通信协议的集合，包含许多协议，TCP/IP 这个名字源于其中最主要的两个协议 TCP 和 IP。TCP/IP 协议族各层次支持的协议如图 2.6 所示。

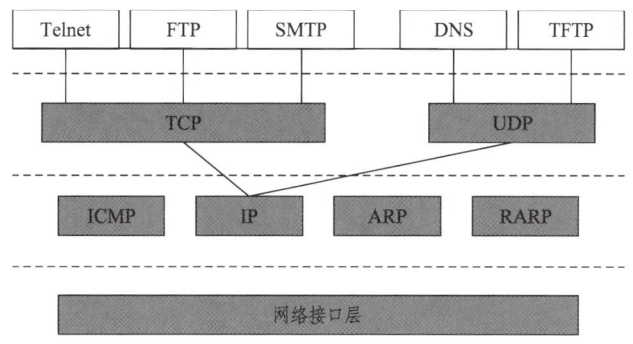

图 2.6　TCP/IP 协议各层次支持的协议

TCP/IP 协议族的每个层次接收上层传送过来的数据后,都要将本层次的控制信息加入数据单元的头部,一些层次还要将校验和等信息附加到数据单元的尾部,这个过程叫作封装。

在发送方,封装的操作是逐层进行的,应用层的应用程序将要发送的数据传送给传输层,传输层将数据分为大小一定的数据段后加上本层的报文头发送给网络层。传输层报文头中包含接收它所携带的数据的上层协议或应用程序的端口号,如 Telnet 的端口号是 23。传输层协议利用端口号来调用和区分应用层的各种应用程序。

2.3.3　数据封装与解封装

与 OSI 参考模型类似,TCP/IP 协议族的数据封装与解封装如图 2.7 所示。协议数据单元(Protocol Data Unit,PDU)是指对等层次之间传递的数据单位。

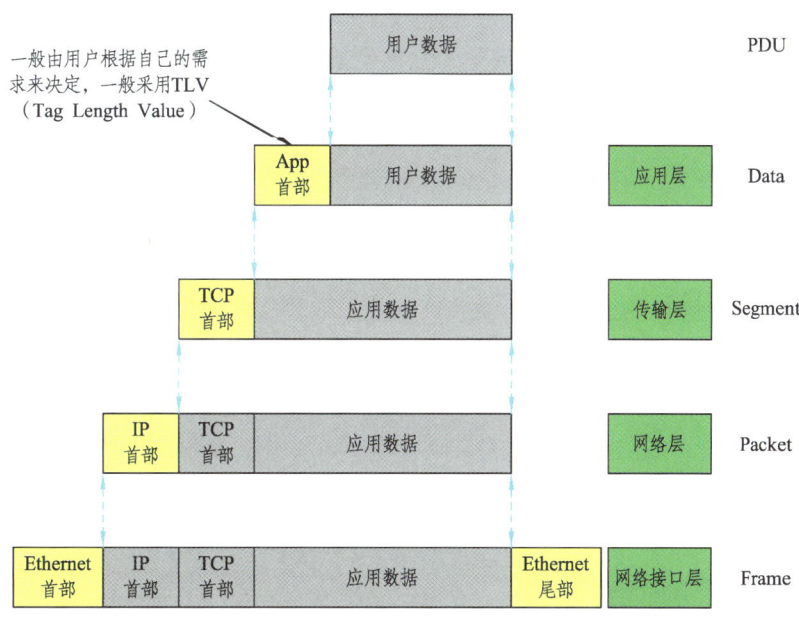

图 2.7　TCP/IP 协议族的数据封装过程

应用数据需要经过 TCP/IP 每一层处理之后才能通过网络传输到目的端，每一层上都使用该层的协议数据单元 PDU（Protocol Data Unit）彼此交换信息。不同层的 PDU 中包含有不同的信息，因此 PDU 在不同层被赋予了不同的名称。如应用层数据在传输层添加 TCP 报头后得到的 PDU 被称为 Segment（数据段）；数据段被传递给网络层，在网络层添加 IP 报头得到的 PDU 被称为 Packet（数据包）；数据包被传递到网络接口层，封装网络接口层报头得到的 PDU 被称为 Frame（数据帧）；最后，帧被转换为比特，通过网络介质传输。这种协议栈逐层向下传递数据，并添加报头和报尾的过程称为封装。

2.3.4 网络接口层

网络接口层在网络层之下，在 TCP/IP 协议中并没有严格的描述。但是 TCP/IP 主机必须使用某种下层协议连接到网络，以便进行通信。而且，TCP/IP 必须能运行在多种下层协议上，以便实现端到端、与链路无关的网络通信。TCP/IP 的网络接口层正是负责处理与传输介质相关的细节，为上层提供一致的网络接口。因此，TCP/IP 模型的网络接口层大体对应于 OSI 模型的数据链路层和物理层，通常包括计算机和网络设备的接口驱动程序和网络接口卡等。

TCP/IP 可以基于大部分局域网或广域网技术运行，这些协议便可以划分到网络接口层中。典型的网络接口层技术包括常见的以太网局域网技术，用于串行连接的 HDLC（High-level Data Link Control，高级数据链路控制）和 PPP（Point-to-Point Protocol，点到点协议）等技术。

2.3.5 网络层

网络层是 TCP/IP 体系的关键部分。它的主要功能是使主机能够将信息发往任何网络并传送到正确的目标。

基于这些要求，网络层定义了包格式及其协议 IP（Internet Protocol，互联网协议）。网络层使用 IP 地址（IP address）标识网络节点；使用路由协议（routing protocol）生成路由信息，并且根据这些路由信息实现包的转发，使包能够准确地传送到目的地；使用 ICMP、IGMP 这样的协议协助管理网络。TCP/IP 网络层在功能上与 OSI 网络层极为相似。网络层主要协议如图 2.8 所示。

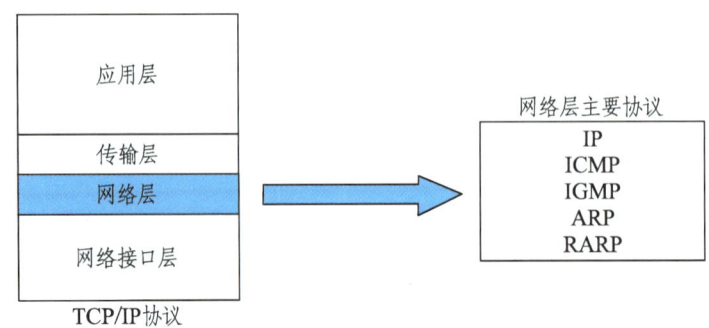

图 2.8　网络层主要协议

1. ARP 协议

一台网络设备要发送数据给另一台网络设备时，必须要知道对方的 IP 地址。但是，仅有 IP 地址是不够的，因为 IP 数据报文必须封装成帧才能通过数据链路进行发送，而数据帧必须要包含目的 MAC 地址，因此发送端还必须获取到目的 MAC 地址。每一个网络设备在数据封装前都需要获取下一跳的 MAC 地址。IP 地址由网络层来提供，MAC 地址则通过 ARP 协议来获取。ARP 协议是 TCP/IP 协议族中的重要组成部分，ARP 能够通过目的 IP 地址发现目标设备的 MAC 地址，从而实现数据链路层的可达性。

ARP 协议的工作过程如图 2.9 所示，如果主机 A 的 ARP 缓存表中不存在主机 C 的 MAC 地址，则主机 A 会通过发送 ARP Request 报文来获取主机 C 的 MAC 地址。ARP Request 报文封装在以太帧里。帧头中的源 MAC 地址为发送端主机 A 的 MAC 地址。此时，由于主机 A 不知道主机 C 的 MAC 地址，则目的 MAC 地址为广播地址 FF-FF-FF-FF-FF-FF。ARP Request 报文中包含有源 IP 地址、目的 IP 地址、源 MAC 地址、目的 MAC 地址，其中目的 MAC 地址的值为 0。ARP Request 报文会在整个网络上传播，该网络中所有主机，包括网关都会接收到此 ARP Request 报文。

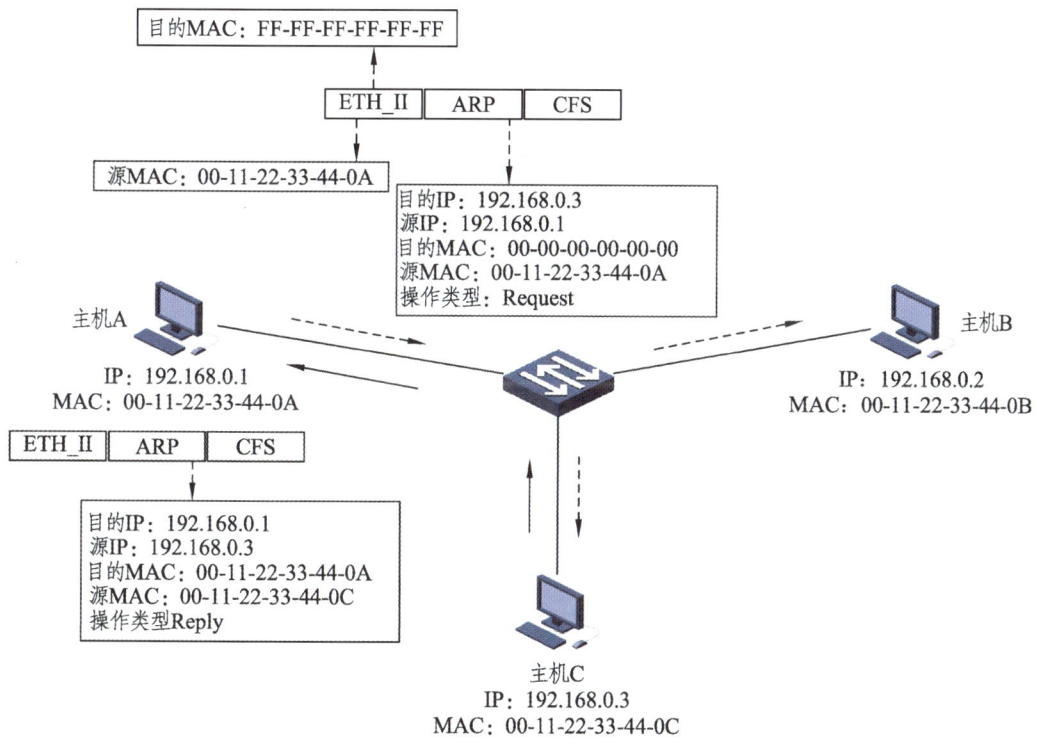

图 2.9　ARP 协议工作过程

网络中在同一广播域内的所有主机接收到该 ARP Request 报文后，会检查报文中目的协议地址字段与自身的 IP 地址是否匹配。如果不匹配，则该主机将不会响应该 ARP Request 报文。如果匹配，则该主机会将 ARP 报文中的源 MAC 地址和源 IP 地址信息记录到自己的 ARP 缓存表中，然后通过 ARP Reply 报文进行响应。在图 2.9 中主机 B 就不会响应，主机 C 则会向主机 A 回应 ARP Reply 报文。ARP Reply 报文中的源协议地址是主机 C 自己的 IP 地址，目标协议地址是主机 A 的 IP 地址，目的 MAC 地址是主机 A 的 MAC 地址，源 MAC 地址是自己的 MAC 地址，同时 Operation Code 被设置为 reply。ARP Reply 报文通过单播传送给主机 A。由此主机 A 就能将主机 C 的 MAC 地址保存在 ARP 缓存表中，以后就能正常和主机 C 进行通信。

2. ICMP 协议

ICMP 协议是一种集差错报告与控制于一身的协议。在所有 TCP/IP 主机上都可以实现 ICMP。ICMP 消息被封装在 IP 数据包里，它用于在 IP 网络设备之间发送控制报文，传递差错、控制、查询等信息。

如图 2.10 所示，ICMP 协议的工作过程比较简单，但是传输的报文存在多种类型，这些报文分别应用于不同的场景，常见的报文类型如表 2.1 所示。

图 2.10　ICMP 协议

表 2.1　ICMP 消息类型

报文类型	类型码	代码	说明
Echo Reply	0	0-15	回显应答
Destination Unreachable	3	0	目标不可达
Source Quench	4	0-3	源端被关闭
Redirect	5	0	重定向报文
Echo Request	8	0-1	回显请求
Time Exceeded	11	0-2	超时
Parameter Problem	12	0	参数问题
Timestamp Request	13	0	时间戳请求
Timestamp Reply	14	0	时间戳应答
Information Request	15	0	信息请求
Information Reply	16	0	信息应答
Address Mask Request	17	0	地址掩码请求
Address Mask Reply	18	0	地址掩码应答

通过发送和返回不同的报文，ICMP 可以实现不同的功能，比较常见的如下：

发现网络错误：当一个数据包在传输过程中出现错误时，ICMP 协议通过向发送方发送错误通知来发现网络错误。

检查网络是否可达：通过发送 ICMP ECHO 请求并接收 ICMP ECHO 回复消息，可以确定目标主机是否可达。

发现主机错误：当一个主机无法正常工作时，ICMP 协议通过向发送方发送错误通知来发现主机错误。

发送路由信息：ICMP 协议可以向其他主机发送路由信息，以帮助它们在网络中找到合适的路由。

ICMP 的一个典型应用是 Ping。Ping 是检测网络连通性的常用工具，同时也能够收集其他相关信息。用户可以在 Ping 命令中指定不同参数，如 ICMP 报文长度、发送的 ICMP 报文个数、等待回复响应的超时时间等，设备根据配置的参数来构造并发送 ICMP 报文，进行 Ping 测试。

ICMP 的另一个典型应用是 Tracert。Tracert 基于报文头中的 TTL 值来逐跳跟踪报文的转发路径。为了跟踪到达某特定目的地址的路径，源端首先将报文的 TTL 值设置为 1。该报文到达第一个节点后，TTL 超时，于是该节点向源端发送 TTL 超时消息，消息中携带时间戳。然后源端将报文的 TTL 值设置为 2，报文到达第二个节点后超时，该节点同样返回 TTL 超时消息，以此类推，直到报文到达目的地。这样，源端根据返回的报文中的信息可以跟踪到报文经过的每一个节点，并根据时间戳信息计算往返时间。Tracert 是检测网络丢包及时延的有效手段，同时可以帮助管理员发现网络中的路由环路。

2.3.6 传输层

传输层主要为两台主机上的应用程序提供端到端的连接，使源、目的端主机上的对等实体可以进行会话。在 TCP/IP 协议族中的传输层协议主要包括 TCP 和 UDP。TCP 为应用程序提供可靠的面向连接的通信服务，适用于要求得到响应的应用程序。目前，许多流行的应用程序都使用 TCP。而 UDP 提供面向无连接通信，它提供非可靠性数据传输，数据传输的可靠性由应用层保证。

1. TCP

TCP 协议提供面向连接的、可靠的字节流服务。面向连接意味着使用 TCP 作为传输层协议的两个应用之间在相互交换数据之前必须建立一个 TCP 连接，TCP 通过确认、校验、重组等机制为上层应用提供可靠的传输服务。但是 TCP 连接的建立及确认、校验等功能会产生额外的开销。

1）TCP 报文

TCP 的报文格式如图 2.11 所示，TCP 数据段由 TCP Header（头部）和 TCP Data（数据）组成。TCP 最多可以有 60 字节的头部，基本长度是 20 字节。

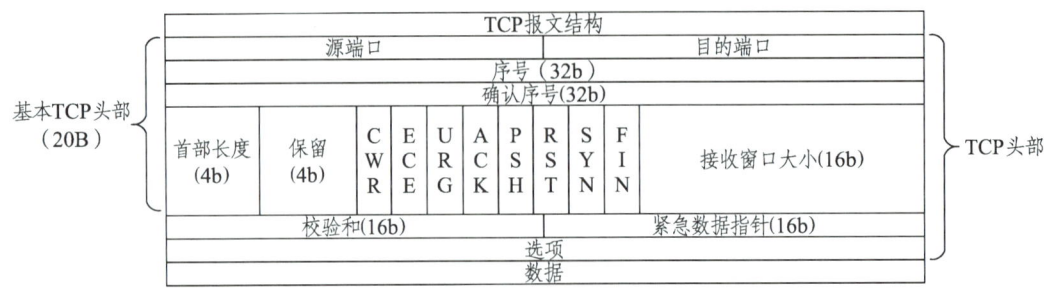

图 2.11 TCP 报文格式

TCP Header 是由如图 2.11 所示的一些字段组成的，这里列出几个常用字段。

源端口：16b，源端口和 IP 地址的作用是标识报文的返回地址。

目的端口：16b，目的主机的应用程序使用的端口号。每个 TCP 头部都包含源和目的端的端口号，这两个值加上 IP 头部中的源 IP 地址和目的 IP 地址可以唯一确定一个 TCP 连接。

序号：32b，用于标识从发送端发出的不同的 TCP 数据段的序号。数据段在网络中传输时，它们的顺序可能会发生变化；接收端依据此序列号，便可按照正确的顺序重组数据。

确认序号：32b，即 ACK，用于标识接收端确认收到的数据段。确认序列号为成功收到的数据序列号加 1。

首部长度：4b，由于首部可能含有可选项内容，TCP 报头的长度是不确定的，报头不包含任何任选字段，则长度为 20 字节，4 位首部长度字段所能表示的最大值为 1111，转化为 10 进制为 15，15×32/8=60，故报头最大长度为 60 字节。首部长度也叫数据偏移，是因为首部长度实际上指示了数据区在报文段中的起始偏移值。

保留：4b，为将来定义新的用途保留，现在一般置 0。

标志位：CWR、ECN-EchO、URG、ACK、PSH、RST、SYN、FIN，每一个标志位表示一个控制功能。

接收窗口大小：16b，表示接收端期望通过单次确认而收到的数据的大小。由于该字段为 16 位，窗口大小的最大值为 65535 字节，该机制通常用来进行流量控制。

校验和：16b，校验整个 TCP 报文段，包括 TCP 头部和 TCP 数据。该值由发送端计算和记录并由接收端进行验证。

紧急指针：16b，只有当 URG 标志置 1 时紧急指针才有效。紧急指针是一个正的偏移量，和顺序号字段中的值相加表示紧急数据最后一个字节的序号。TCP 的紧急方式是发送端向另一端发送紧急数据的一种方式。

选项和填充：最常见的可选字段是最长报文大小，又称为 MSS（Maximum Segment Size），每个连接方通常都在通信的第一个报文段（为建立连接而设置 SYN 标志为 1 的那个段）中指明这个选项，它表示本端所能接收的最大报文段的长度。选项长度不一定是 32 位的整数倍，所以要加填充位，即在这个字段中加入额外的零，以保证 TCP 头是 32 的整数倍。

数据部分：TCP 报文段中的数据部分是可选的。在一个连接建立和一个连接终止时，双方交换的报文段仅有 TCP 首部。如果一方没有数据要发送，也使用没有任何数据的首部来确认收到的数据。在处理超时的许多情况中，也会发送不带任何数据的报文段。

2）TCP 建立连接过程

TCP 是一种可靠的、面向连接的全双工传输层协议。TCP 连接的建立是一个三次握手的过程，如图 2.12 所示。

主机 A（通常也称为客户端）发送一个标识了 SYN 的数据段，表示期望与服务器 A 建立连接，此数据段的序列号（seq）为 a；服务器 A 回复标识了 SYN+ACK 的数据段，此数据段的序列号（seq）为 b，确认序列号为主机 A 的序列号加 1（a+1），以此作为对主机 A 的 SYN 报文的确认；主机 A 发送一个标识了 ACK 的数据段，此数据段的序列号（seq）为 a+1，确认序列号为服务器 A 的序列号加 1（b+1），以此作为对服务器 A 的 SYN 报文段的确认。

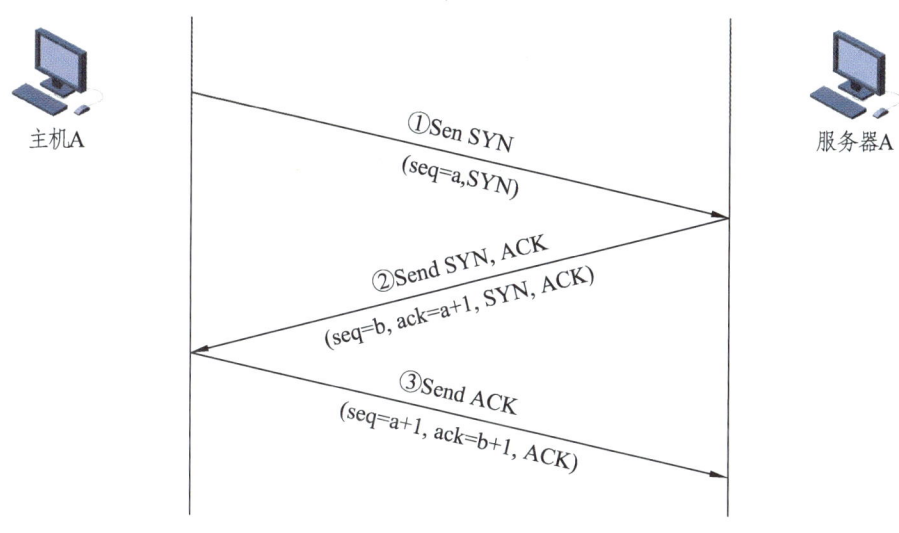

图 2.12　TCP 的建立过程

3）TCP 传输过程

TCP 的可靠传输还体现在 TCP 使用了确认技术来确保目的设备收到了从源设备发来的数据，并且是准确无误的。确认技术的工作原理如下：

目的设备接收到源设备发送的数据段时，会向源端发送确认报文，源设备收到确认报文后，继续发送数据段，如此重复。如图 2.13 所示，主机 A 向服务器 A 发送 TCP 数据段，为描述方便假定每个数据段的长度都是 500 字节。当服务器 A 成功收到序列号是 M+1499 字节以及之前的所有字节时，会以序列号 M+1499+1=M+1500 进行确认。当下一组数据段传输时，如果数据段 N+3 传输失败，导致服务器 A 未能收到序列号为 M+1500 字节，因此服务器 A 还会再次以序列号 M+1500 进行确认，主机 A 再次收到确认号后会重新发送下一组数据。

\ 计算机网络基础 \

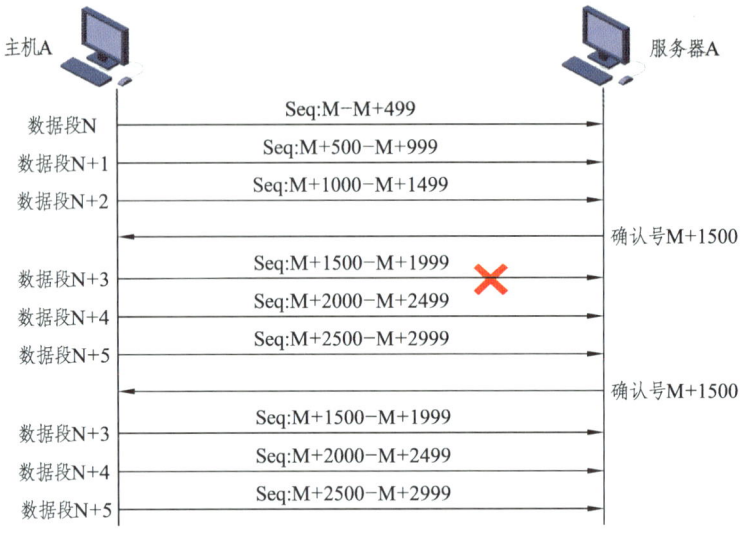

图 2.13　TCP 传输过程

4）TCP 关闭连接

TCP 支持全双工模式传输数据，这意味着同一时刻两个方向都可以进行数据的传输。在传输数据之前，TCP 通过三次握手建立的连接实际上是两个方向的连接，因此在传输完毕后，两个方向的连接必须都关闭。TCP 连接的建立是一个三次握手的过程，而 TCP 连接的终止则要经过四次握手。

如图 2.14 所示，主机 A 想终止连接，于是发送一个标识了 FIN、ACK 的数据段，序列号为 a，确认序列号为 b；服务器 A 回应一个标识了 ACK 的数据段，序列号为 b，确认序号为 a+1，作为对主机 A 的 FIN 报文的确认；服务器 A 想终止连接，于是向主机 A 发送一个标识了 FIN、ACK 的数据段，序列号为 b，确认序列号为 a+1；主机 A 回应一个标识了 ACK 的数据段，序列号为 a+1，确认序号为 b+1，作为对服务器 A 的 FIN 报文的确认。

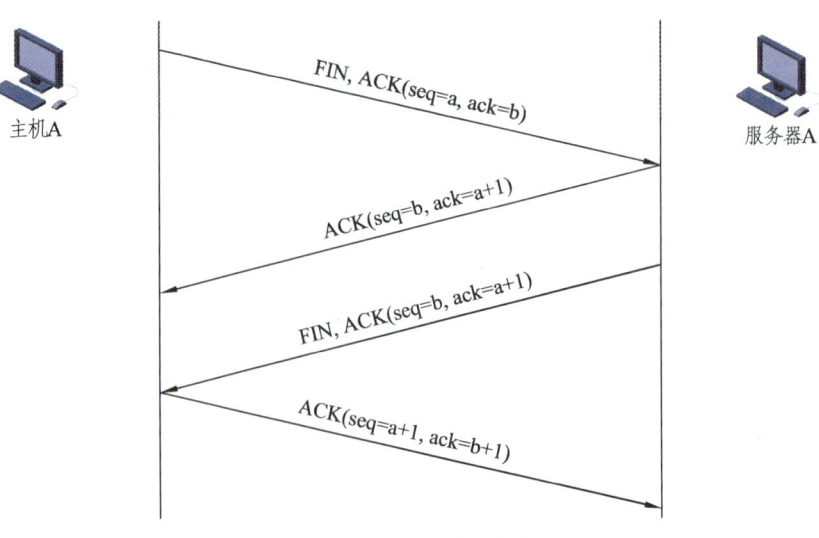

图 2.14　TCP 关闭过程

2. UDP

当应用程序对传输的可靠性要求不高，但是对传输速度和延迟要求较高时，可以用 UDP 协议来替代 TCP 协议在传输层控制数据的转发。UDP 将数据从源端发送到目的端时，无须事先建立连接。UDP 采用了简单、易操作的机制在应用程序间传输数据，没有使用 TCP 中的确认技术或滑动窗口机制，因此 UDP 不能保证数据传输的可靠性，也无法避免接收到重复数据的情况。

1）UDP 报文

如图 2.15 所示，UDP 报文分为 UDP 报文头和 UDP 数据区域两部分。报头由源端口、目的端口、报文长度以及校验和组成。UDP 适合于实时数据传输，如语音和视频通信。相较于 TCP，UDP 的传输效率更高、开销更小，但是无法保障数据传输的可靠性。UDP 头部的标识如下：

源端口号（16 位）：源主机的应用程序使用的端口号。

目的端口号（16 位）：目的主机的应用程序使用的端口号。

UDP 长度（16 位）：是指 UDP 头部和 UDP 数据的字节长度。因为 UDP 头部长度为 8 字节，所以该字段的最小值为 8。

UDP 校验和（16 位）：该字段提供了与 TCP 校验字段同样的功能（该字段是可选的）。

图 2.15　UDP 报文格式

2）UDP 传输过程

UDP 的传输过程如图 2.16 所示，当主机 A 发送数据包时，这些数据包是以有序的方式发送到网络中的，每个数据包独立地在网络中被发送，所以不同的数据包可能会通过不同的网络路径到达主机 B。这样的情况下，先发送的数据包不一定先到达主机 B。与 TCP 不同，UDP 报文中是没有序号的，因此主机 B 将无法通过 UDP 协议将数据包按照原来的顺序重新组合，所以此时需要应用程序提供报文的到达确认、排序和流量控制等功能。通常情况下，UDP 采用实时传输机制和时间戳来传输语音和视频数据。

在使用 TCP 协议传输数据时，如果一个数据段在传输过程中丢失或者接收端对某个数据段没有确认，发送端将会重新发送该数据段。TCP 重新发送数据会带来传输延迟和重复数据，降低了用户的体验。对于迟延敏感的应用，同时少量的数据丢失一般可以被忽略，如语音和视频数据，这时使用 UDP 传输能够提升用户的体验。

图 2.16　UDP 报文传输过程

3. 传输层中的端口号

数据链路层和网络层中的地址，分别指的是 MAC 地址和 IP 地址。前者用来识别同一链路中不同的计算机，后者用来识别 TCP/IP 网络中互连的主机和路由器。在传输层中也有这种类似于地址的概念，那就是端口号。端口号用来识别同一台计算机中进行通信的不同应用程序。因此，它也被称为程序地址。端口号可分为两大类，即服务器使用的端口号和客户端使用的端口号。

1）服务器使用的端口号

服务器使用的端口号可分为两类，一类叫作知名端口号或系统端口号，数值为 0~1023。互联网数字分配机构（The Internet Assigned Numbers Authority，IANA）把这些端口号指派给了 TCP/IP 最重要的一些应用程序，让所有的用户都知道。表 2.2 列出了一些常见的应用层协议默认使用的协议和端口号。

表 2.2　知名端口号举例

应用程序	HTTP	FTP	SMTP	POP3	HTTPS	DNS	Telnet	SMTP	POP3	HTTPS	Telnet
协议类型	TCP	TCP	TCP	TCP	TCP	UDP	TCP	TCP	TCP	TCP	TCP
端口号	80	21	25	110	443	53	23	25	110	443	23

另一类端口号叫作登记端口号，数值为 1024~49151。这类端口号是给没有知名端口号的应用程序使用的。使用这类端口号必须在 IANA 按照规定的手续进行登记，以防止重复。例如，微软的远程桌面协议（Remote Display Protocol，RDP）使用 TCP 的 3389 端口，就属于登记端口号的范围。

2）客户端使用的端口号

当打开浏览器访问网站或登录微信等客户端软件和服务器建立连接时，计算机会为客户端软件分配临时端口，这就是客户端端口，取值范围为 49152~65535。这类端口号仅在客户进程运行时才被动态选择，因此又叫作临时（短暂）端口号。这类端口号是留给客户进程选择暂时使用的。当服务器进程收到客户进程的报文时，就知道客户进程所使用的端口号，因而可以把数据发送给客户进程。通信结束后，刚才已使用过的客户端口号就不复存在了。这个端口号就可以供其他客户进程以后使用。

3）端口号的应用

如图2.17所示，某公司的一台服务器同时运行了Web服务、SMTP服务和POP3服务，这3个服务分别使用HTTP、SMTP和POP3与客户端通信。现在网络中的A计算机、B计算机和C计算机分别访问服务器的Web服务、SMTP服务和POP3服务，并发送了3个数据包①、②、③，这3个数据包的目标端口分别是80、25和110，服务器收到这3个数据包后，就会根据目标端口将数据包提交给不同的服务。

在客户端发出的报文中，目标IP地址用于在网络中定位某一个服务器，目标端口用于定位服务器上的某个服务。

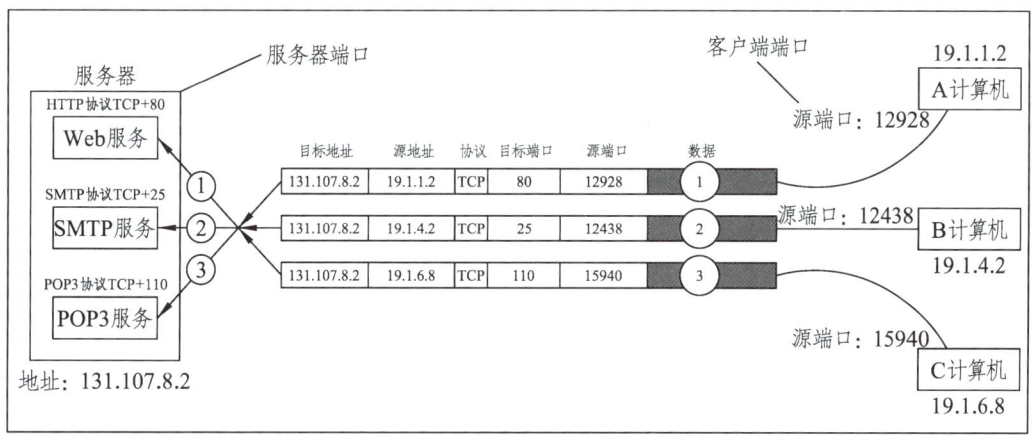

图2.17 端口和服务的关系

项目 3　以太网技术

3.1　以太网技术

以太网诞生于 20 世纪 70 年代初期,其初衷是为了解决局域网(LAN)中的数据传输难题。该技术的核心理念是通过共享传输介质,并采用载波监听多点接入/冲突检测(Carrier Sense Multiple Access with Collision Detection,CSMA/CD)协议,以实现计算机之间的数据通信。

到了 20 世纪 80 年代,以太网技术实现了标准化进程,IEEE 802.3 标准的推出,标志着以太网技术正式进入成熟期。随着技术的持续进步,以太网的传输速度从最初的 10 Mb/s 提升至今日的 10 Gb/s、40 Gb/s,甚至 100 Gb/s,这一飞速发展显著促进了互联网和企业网络的迅猛发展。

3.1.1　以太网技术简介

以太网(Ethernet)是一种局域网(LAN)技术,允许网络中的设备通过共享的通信信道进行通信。其主要特点包括支持多种传输介质和网络拓扑结构,并具备高数据传输速率和可靠性。最初设计目的是在有限的地理区域内连接计算机及其他设备(如打印机、服务器等),以促进资源共享和信息交换。

以太网是一种标准化的网络通信协议,规定了数据在网络中的传输方式。它采用载波侦听多路访问/冲突检测(CSMA/CD)机制来预防数据包冲突。以太网常使用双绞线作为物理传输介质,可在较短的距离内实现高速的数据传输。

1. 以太网基本单元

(1)物理介质:用于传输计算机之间的以太网信号。

(2)介质访问控制规则:嵌入在每个以太网接口处,从而使得计算机可以公平地使用共享以太网信道。

(3)以太帧:由一组标准比特位构成,用于传输数据。

2. 以太网协议

以太网工作在 OSI 模型的下两层,也就是在物理层和数据链路层上运行,如图 3.1 所示。

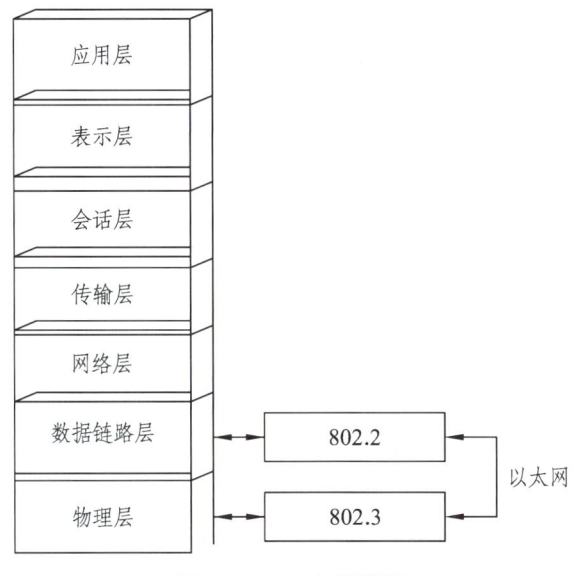

图 3.1　OSI 七层模型

对于以太网，IEEE 802.2 标准规范了 LLC 子层的功能，而 802.3 标准规范了 MAC 子层和物理层的功能。

在 IEEE 802.3 标准中提供了以太帧结构。当前以太网在光纤和双绞线两种媒体支持下的 4 种传输速率：

（1）10 Mbps：10Base-T Ethernet（802.3）；

（2）100 Mbps：Fast Ethernet（802.3u）；

（3）1000 Mbps：Gigabit Ethernet（802.3z）；

（4）10 Gigabit Ethernet：IEEE 802.3ae。

3.1.2　以太网帧

1. 802.3 帧格式

1982 年，Intel 和 Xerox 公司联合公布了一个标准，该标准是当今 TCP/IP 采用的主要局域网技术，并采用了一种称为 CSMA/CD（载波侦听多路访问/冲突检测）的媒体接入方法。几年后，IEEE 802 委员会公布了一系列稍有不同的标准集，其中包括：

- 802.3：针对整个 CSMA/CD 网络。
- 802.4：针对令牌总线网络。
- 802.5：针对令牌环网络。

这些帧的通用部分由 802.2 标准定义，即 802 网络共有的逻辑链路控制（LLC）。由于目前 CSMA/CD 的媒体接入方式占据主流，本书将重点分析以太网（IEEE 802.3）的帧格式，其结构如图 3.2 所示。

7（字节）	1	6	6	2	46~1500	0~16	4
前导码	帧首定界符	目的地址	源地址	长度/类型	帧数据	填充	CRC校验

图 3.2　802.3 帧结构

"前导码"（7 字节）和"帧首定界符（SFD）"（1 字节）字段用于同步发送设备与接收设备。

"目的地址"字段（6 字节）是预定接收方的标识符。

"源 MAC 地址"字段（6 字节）标识帧的源网卡或接口。

"长度/类型"字段（2 字节）定义帧的数据字段的准确长度。

"数据"字段（46~1500 字节）包含来自较高层次的封装数据（一般是第 3 层 PDU 或更常见的 IPv4 数据包）。

"填充"字段（0~46 字节）紧接在数据字段之后，用来对数据进行填充，以保证帧有足够的长度，以适应碰撞检测的需要。

"CRC 校验（帧校验序列）"字段（4 字节）用于检测帧中的错误。它使用循环冗余校验（CRC）。发送设备在帧的 FCS 字段中包含 CRC 的结果。

2. 以太网 MAC 帧格式

MAC 地址（Media Access Control Address）是用于以太网的 MAC 子层的一种地址形式，作为设备在以太网中的物理标识，如同学生的学号对应唯一的学生，MAC 地址在网络中也用于标识单一设备。它由 6 字节（48 位）组成，通常表示为十六进制数，并以 2 字节为一组进行分隔，如 00:1A:2B:3C:4D:5E。

MAC 地址是在网络接口控制器（NIC）制造过程中由制造商设置的，确保了每个 NIC 具有一个全球唯一的标识符。这一标识符主要用于数据链路层（OSI 模型的第二层）的数据传输，在局域网（LAN）中实现设备间的直接通信与寻址。

根据 IEEE 802 标准，MAC 地址的前 3 字节（24 位）被称为组织唯一标识符（OUI），这部分号码是由 IEEE 分配给不同制造商的。后 3 字节（24 位）则由各制造商自行管理分配，以保证其生产的所有设备都能拥有独一无二的 MAC 地址。常用的以太网 MAC 帧格式有 2 种标准：①DIX Ethernet V2 标准；②IEEE 的 802.3 标准。

最常用的 MAC 帧是以太网 V2 的格式，如图 3.3 所示。

MAC 层：

（1）目的地址字段：6 字节。

（2）源地址字段：6 字节。

（3）类型字段：2 字节。类型字段用来标志上一层使用的是什么协议，以便把收到的 MAC 帧的数据上交给上一层的这个协议。

（4）数据字段：46~1500 字节。数据字段的正式名称是 MAC 客户数据字段。最小长度 64 字节-18 字节的首部和尾部 = 数据字段的最小长度（46 字节）。

（5）FCS 字段：4 字节。当数据字段的长度小于 46 字节时，应在数据字段的后面加入整数字节的填充字段，以保证以太网的 MAC 帧长不小于 64 字节。

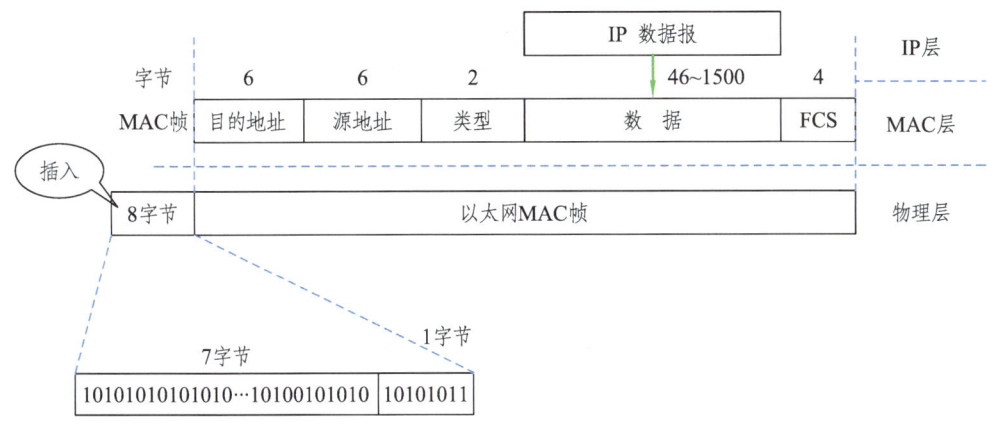

图 3.3 以太网 V2 MAC 帧格式

物理层：由硬件在帧的前面插入 8 字节。其中，第一个字段占据 7 字节，是前同步码，用来迅速实现 MAC 帧的比特同步；第二个字段占据 1 字节是帧首定界符，表示后面的信息就是 MAC 帧。

3.1.3 广播域和冲突域

网络互联设备能够将网络划分为不同的冲突域和广播域。然而，由于这些设备在 OSI 模型中工作的层次不同，它们在划分冲突域和广播域方面的作用也各有差异。例如，中继器（Repeater）工作在物理层，主要用于放大信号；网桥（Bridge）和交换机（Switch）工作在数据链路层，负责基于 MAC 地址进行帧的转发和过滤；路由器（Router）工作在网络层，根据 IP 地址进行路径选择和数据包的转发；而网关（Gateway）则工作在 OSI 模型的上三层，可以实现不同协议之间的转换。

1. 冲突域

冲突域通俗来讲是指在一个网络中，如果两台设备同时传输数据，可能会产生数据碰撞的区域。可以用对讲机来类比这种情况，对讲机在讲话时不能同时收听，必须释放讲话按钮才能接听，这种同一时刻只能进行单向通信的工作模式被称为半双工。而且，在对讲机通信中，同一时刻只能有一个人讲话才能被清楚听到；如果有两个人或更多人同时讲话，就会造成声音重叠，结果谁的话都听不清楚。这种情况下，就形成了一个冲突域。

在使用集线器的场景中，集线器是一种物理层设备，不具备交换机那样的智能转发功能。当集线器接收到某个节点发送的数据信号时，它并不会选择性地将数据转发到特定的目的地，而是会对信号进行整形和放大，然后将信号广播到与之相连的所有端口。因此，如果两个节点在同一时刻尝试发送数据，就可能发生冲突，如图 3.4 所示。

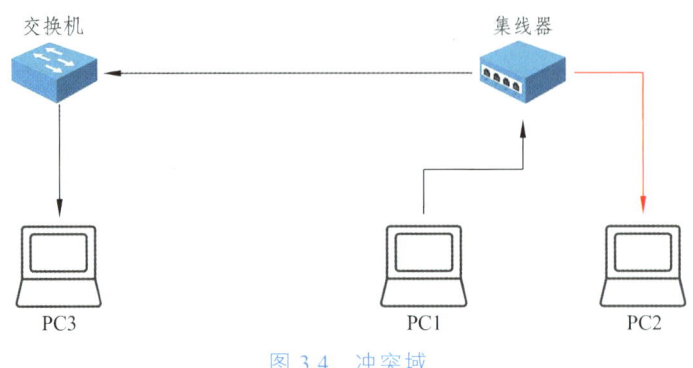

图 3.4 冲突域

当 PC1 尝试访问 PC3 时，数据流会首先经过集线器。由于集线器工作在物理层，它将接收到的数据包广播到所有连接的端口。这意味着即使 PC2 并不是该数据包的目标接收者，它仍然会接收到这份数据。不过，因为数据包的目标地址不是 PC2，所以 PC2 会丢弃这份数据包。这样一来，在集线器连接的网络中，所有的传输数据都会被广播到每一个端口，这可能导致网络带宽的浪费和性能下降。

当出现冲突域时，可以通过采用数据链路层（即第二层）的技术来处理。主要的解决方法是利用交换机的 MAC 地址表来定向转发数据。在数据传输的过程中，交换机会根据 MAC 地址表中的条目来匹配目的 MAC 地址，并仅将数据包转发到对应的目的端口，而不是广播到所有端口。这样，数据包只会被发送到预期的目的地，从而提高了网络资源的利用率，减少了冲突的发生。

如图 3.5 所示，当 PC1 试图访问 PC3 时，交换机会根据其内部的 MAC 地址表来查找相应的条目，并根据匹配结果通过正确的端口直接转发数据包，避免了不必要的广播，提升了网络效率。

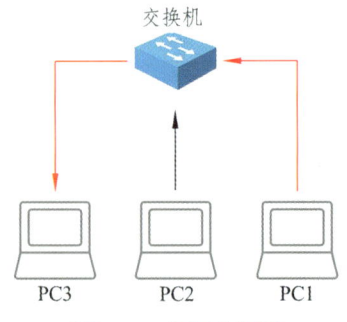

图 3.5 冲突域处理

2. 广播域

广播域是指在一个网络中，当某台设备发送广播数据包时，所有能接收到这个广播信息的设备所组成的范围或区域。可以将广播域理解为信息传播的有效范围，在这个范围内所有的设备都能接收到广播的消息。

举个例子，如果把一个班级比作一个网络，而教师使用广播系统发言，那么整个教室里的学生都能听到教师的声音，此时，整个教室就可以被视为一个广播域。在这个区域内，广播的信息能够被每一个成员接收。如图3.6所示，在PC1发送了一个广播包，那么PC2、PC3也都能收到该广播包，这时候交换机相连的所有端口的集合就叫作一个广播域。

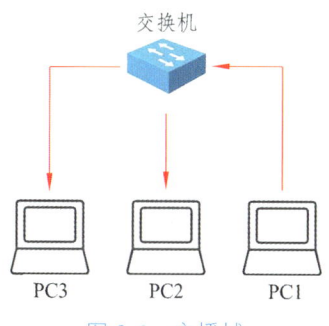

图3.6　广播域

在日常工作中，一个局域网（LAN）即构成一个广播域。若要隔离广播域，可以采取多种方式，如使用路由器或将网络划分为不同的虚拟局域网（VLAN）。下面将介绍路由器是如何实现广播域隔离的。

在交换机中，数据包（报文）在数据链路层通过MAC地址进行转发，而在路由器中，数据包在网络层被处理，并通过路由表来决定转发方向。路由表中包含源地址、目的地址以及下一跳地址等关键信息，用于确定数据包的转发路径。

当数据包到达路由器时，路由器会检查数据包的源地址和目的地址，并根据路由表中的下一跳地址来决定数据包的转发路径。如果路由表中没有匹配的信息，则该数据包会被丢弃。通过这种方式，路由器有效地隔离了广播域，防止广播风暴扩散到其他网络。

对于三层交换机来说，VLAN技术可以将一个物理上的LAN虚拟化为多个逻辑上的LAN。每个VLAN作为一个独立的广播域，默认情况下彼此间无法直接通信，因此广播包无法跨越VLAN边界传播，从而实现了广播域的有效隔离。

如图3.7所示，当PC1尝试访问PC3时，数据包首先到达交换机1，交换机1查询其MAC地址表后发现，PC3的MAC地址是通过与路由器相连的接口学习到的，因此它将数据包转发给路由器。路由器随后查阅其路由表，发现通往PC3的路由是与交换机2直连的路由，于是将数据包转发给交换机2。最后，交换机2通过查询其MAC地址表来确定数据包的目的端口，并将其转发给PC3。

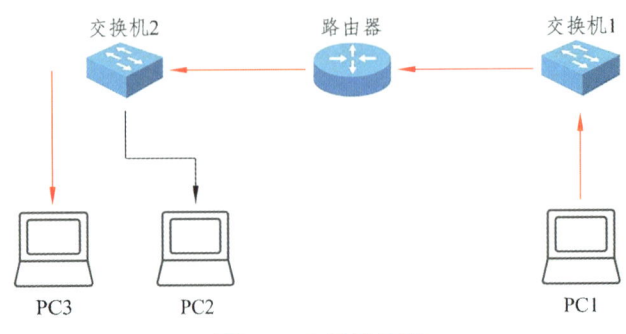

图 3.7　广播域处理

3.2　WLAN 基础

WLAN 的全称是 Wireless Local Area Network，中文含义为"无线局域网"。WLAN 的定义可以从广义和狭义两个角度来理解。广义上，WLAN 指的是使用各种形式的无线电波（包括但不限于激光、红外线等）作为传输介质，替代传统有线局域网的部分或全部连接的一种网络形式。而在狭义上，WLAN 特指基于 IEEE 802.11 系列标准，利用高频无线射频（如 2.4 GHz 或 5 GHz 频段的电磁波）作为传输介质的无线局域网。本书主要讨论狭义上的 WLAN。

3.2.1　802.11 协议概述

IEEE 802 协议族涵盖了 IEEE 标准中关于局域网（LAN）和城域网（MAN）的一系列规范。这些标准主要集中在 OSI 七层模型的最低两层，即物理层和数据链路层。实际上，IEEE 802 标准进一步将数据链路层细分为两个子层：逻辑链路控制层（LLC）和媒体访问控制层（MAC）。

IEEE 802 协议族由 IEEE 802 标准委员会维护。其中，最广泛使用的协议包括以太网（802.3）和无线局域网（802.11）。各个协议由不同的工作组负责，每个工作组都有一个特定的数字编号，例如从 802.1 至 802.24。

因此，802.11 协议是由 IEEE 802 标准委员会下属的无线局域网工作组制定的，用于规定无线局域网的标准。

1. IEEE 802.11 发展历程

自第二次世界大战，无线通信因在军事上应用的成果而受到重视。虽然无线通信一直发展，但是缺乏广泛的通信标准。于是，IEEE 在 1997 年为无线局域网制定了第一个版本标准——IEEE 802.11。其中，定义了媒体访问控制层（MAC 层）和物理层。物理层定义了工作在 2.4 GHz 的 ISM 频段上的两种扩频调制方式和一种红外线传输方式，总数据传输速率设计为 2 Mb/s。两个设备可以自行构建临时网络，也可以在基站（Base Station，BS）或者接入点（Access Point，AP）的协调下通信。为了在不同的通信环境下获取良好的通信质量，采用 CSMA/CA（Carrier Sense Multiple Access/Collision Avoidance）硬件沟通方式。

1999 年增加了两个补充版本：802.11a 定义了一个在 5 GHz 的 ISM 频段上的数据传输速率可达 54 Mb/s 的物理层，802.11b 定义了一个在 2.4 GHz 的 ISM 频段上但数据传输速率高达 11 Mb/s 的物理层。2.4 GHz 的 ISM 频段为世界上绝大多数国家通用，因此 802.11b 得到了最为广泛的应用。苹果公司把自己开发的 802.11 标准起名叫 AirPort。1999 年工业界成立了 Wi-Fi 联盟，致力解决匹配 802.11 标准的产品的生产和设备兼容性问题。

2. 802.11 网络拓扑结构

典型的 802.11 网络拓扑结构主要有三种。

（1）独立基本服务集（Independent BSS，IBSS）网络（也叫 ad-hoc 网络），如图 3.8 所示。

（2）基本服务集（Basic Service Set，BSS）网络，如图 3.9 所示。

（3）扩展服务集（Extent Service Set，ESS）网络，如图 3.10 所示。

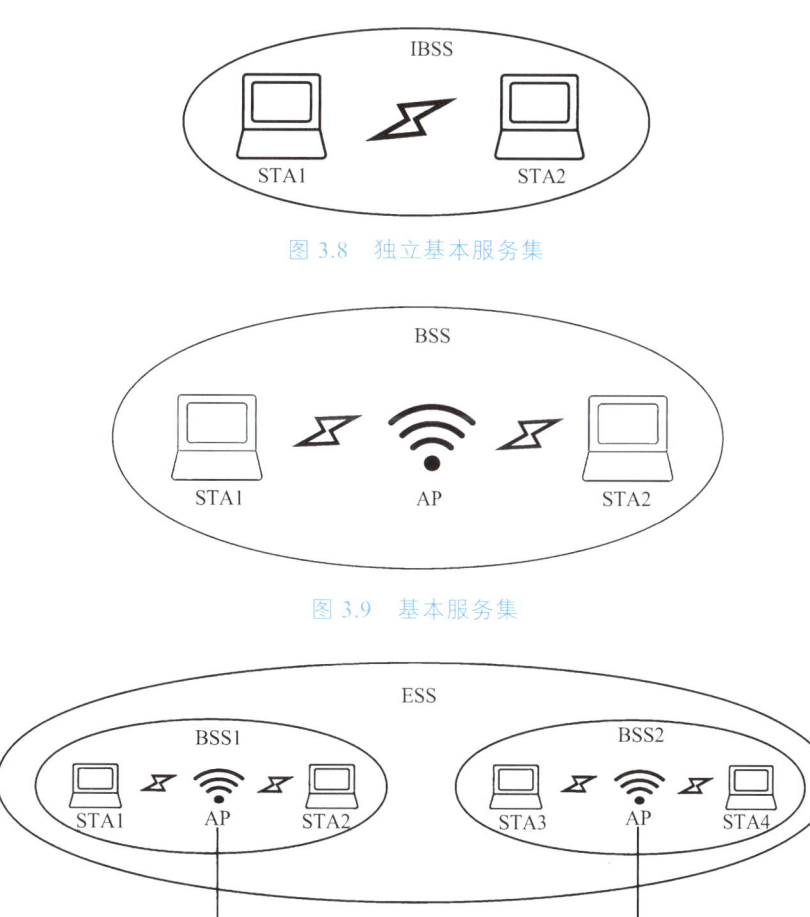

图 3.8　独立基本服务集

图 3.9　基本服务集

图 3.10　扩展服务集

在802.11标准中，ESS中的DS（Distributed System，分布式系统）是一个抽象的概念，用于连接不同的BSS（Basic Service Set，基本服务集）的通信信道，通过路由服务来解决BSS中STA（Station，站）之间因物理距离限制而无法直接传输的问题。

根据拓扑结构，802.11定义了两类服务。

（1）站点服务（Station Services，SS）：这是每个STA都需要的服务，包括认证（Authentication）、解除认证（Deauthentication）、加密（Privacy）以及MSDU（MAC Service Data Unit，MAC服务数据单元）的传递。

（2）分布式系统服务（Distributed System Services，DSS）：这是DS特有的服务，包括关联（Association）、解除关联（Deassociation）、分布（Distribution）、集成（Integration）以及重关联（Reassociation）。

3. 802.11帧格式

无线数据中传播的帧格式如图3.11所示。

图3.11　802.11帧格式

Preamble是一个前导标识，叫作随机接入前导码，用于随机接入时识别UE身份，这里用于接收设备识别802.11。

PLCP域中包含一些物理层的协议参数，Preamble及PLCP是物理层的一些细节。

MAC也叫MAC帧头，包含帧的类型、地址等信息。

User Data也叫帧体，主要封装数据部分，不同帧类型数据部分格式及内容不同。

CRC是校验域，包含32位循环冗余码。

3.2.2　802.11发展过程

现如今，Wi-Fi无线网络已经非常普及，我们在选购Wi-Fi设备（无线路由器、手机、笔记本式计算机等）都会看到无线网络参数里写着支持802.11系列标准。下面主要介绍802.11系列标准的发展历史和不同标准的工作频率。

1990年，IEEE 802标准化委员会成立IEEE 802.11无线局域网标准工作组，致力于WLAN相关领域的技术研究和标准定义。IEEE 802.11无线局域网标准由物理层（PHY层）和媒体访问控制子层（MAC层）两部分的相关协议组成。802.11协议主要标准见表3.1。

表3.1　802.11协议体系

标准	802.11	802.11b	802.11a	802.11g	802.11n	802.11ac	802.11ax
发布时间	1997年	1999年	1999年	2003年	2009年	2013年	2019年
合法频宽	83.5 MHz	83.5 MHz	325 MHz	83.5 MHz	83.5 MHz 325 MHz	325 MHz	83.5 MHz 325 MHz

续表

频段范围（中国）	2.4 GHz	2.4 GHz	5 GHz	2.4 GHz	2.4 GHz 5 GHz	5 GHz	2.4 GHz 5 GHz
非重叠信道	3个	3个	13个	3个	2.4G：3个 5G：13个	13个	2.4G：3个 5G：13个
理论最大物理发送速率	2 Mb/s	11 Mb/s	54 Mb/s	54 Mb/s	600 Mb/s	6933 Mb/s	9607.8 Mb/s
兼容性	11	11/b	11a	11b/g	11a/b/g/n	11a/b/g/n/ac	11a/b/g/n/ac/ax

IEEE 802.11 标准：定义物理层和媒体访问控制规范。这也是无线局域网领域内第一个在国际上被认可的协议。在这个标准中，提供了 1 Mb/s 和 2 Mb/s 的数据传输速率，以及一些基本的信令规范和服务规范，但是该标准只支持 2.4G 频段。

IEEE 802.11b 标准：1999 年 9 月被正式批准。该标准规定无线局域网工作频段在 2.4～2.4835 GHz，数据传输速率达到了 11 Mb/s。该标准是对 IEEE 802.11 的一个补充，引入 CCK 调制方式；在数据传输速率方面可以根据实际情况在 11 Mb/s、5.5 Mb/s、2 Mb/s、1 Mb/s 的不同速率间自动切换；同样只支持 2.4G 频段。

IEEE 802.11a 标准：1999 年制定完成。该标准规定无线局域网工作频段在 5.15～5.825 GHz，数据传输速率达到 54 Mb/s。802.11a 采用正交频分复用（OFDM）的独特扩频技术，只支持 5G 频段。

IEEE 802.11g 标准：2003 年 6 月被正式批准。该标准可以视作对 802.11b 标准的提升（速率从 802.11b 的 11 Mb/s 提高到 54 Mb/s），但仍然工作在 2.4G 频段。802.11g 采用两种调制方式，分别是 802.11a 的 OFDM 与 802.11b 的 CCK，故采用 802.11g 的终端可访问现有的 802.11b 接入点和新的 802.11g 接入点；只支持 2.4G 频段。

IEEE 802.11n 标准：通过对 802.11 物理层和 MAC 层的技术改进，使得无线通信在吞吐量和可靠性方面都获得显著提高，速率可达到 600 Mb/s，其核心技术为 MIMO+OFDM。同时，802.11n 可以工作在双频模式，包含 2.4 GHz 和 5 GHz 两个工作频段，可以与 802.11a/b/g 标准兼容。

IEEE 802.11ac 标准：在 802.11n 的基础上，通过引入 MU-MIMO、更宽的信道、更高阶的调制实现超过 1 Gb/s 的物理速率。802.11ac 只支持 5G 频段，可以与 802.11a/an 标准兼容。

IEEE 802.11ax 标准：802.11ax 是在 802.11ac 以后，无线局域网协议本身的进一步扩展，是第六代无线局域网标准，与 802.11ac 只能工作在 5G 频段相比，它可以同时工作在 2.4G 和 5G 频段。802.11ax 标准的首要目标之一是将独立网络客户端的无线速度提升 4 倍或者更高，802.11ax 标准在 5 GHz 频段上可以带来高达 9.6 Gb/s 的 Wi-Fi 连接速度。

3.2.3　802.11 协议的频率划分

无线信道是对无线通信中发送端和接收端之间通路的一种形象比喻，对于无线电波而言，它从发送端传送到接收端，其间并没有一个有形的连接，它的传播路径也有可能不止一条。为了形象地描述发送端与接收端之间的工作,可以想象两者之间有一个看不见的道路衔接,把这条衔接通路称为信道,无线信道也就是常说的无线的"频段(Channel)"。

无线信号就是电磁波,无线电磁波无处不在,如果随意使用频谱资源,那将带来无穷无尽的干扰问题,所以无线通信协议除了要定义出允许使用的频段,还要精确划分出频率范围,每个频率范围就是信道。

IEEE 802.11a 定义的频段包括 5.15 ~ 5.35 GHz、5.50 ~ 5.70 GHz 和 5.725 ~ 5.85 GHz;而 IEEE 802.11b/g 定义的频段为 2.4 ~ 2.4835 GHz。

1. 2.4G 频率划分

802.11 协议在 2.4 GHz 频段定义了 14 个信道,每个信道的频宽为 22 MHz。两个信道中心频率的间隔为 5 MHz。信道 1 的中心频率为 2.412 GHz,信道 2 的中心频率为 2.417 GHz……信道 13 的中心频率为 2.472 GHz。信道 14 是特别针对日本定义的,其中心频率与信道 13 的中心频率相差 12 MHz。

如图 3.12 所示,信道 1 在频谱上与信道 2、3、4、5 都有交叠的地方,这就意味着,如果有两个无线设备同时工作,且它们工作的信道分别为 1 和 3,则它们发送的信号会互相干扰。

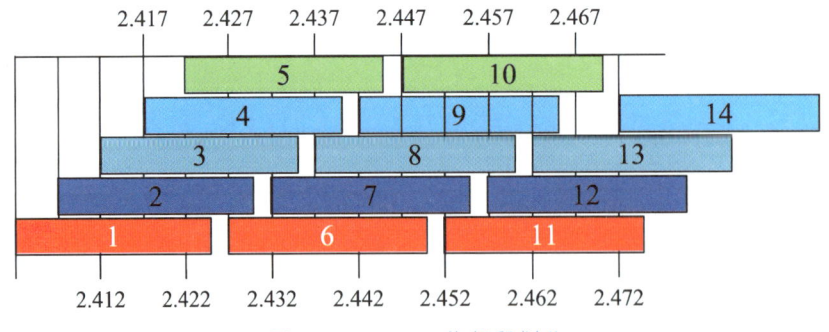

图 3.12　2.4G 工作频段划分

为了最大限度地利用频段资源,可以使用 1、6、11,2、7、12,3、8、13,4、9、14 这四组互相不干扰的信道来进行无线覆盖。

由于只有部分国家开放了 12 ~ 14 信道频段,所以一般情况下都使用 1、6、11 三个信道。

2. 5G 频率划分

如图 3.13 所示,5G 频率共划分为 3 个频段,目前我国主要使用 5.2G 和 5.8G 频段,每个频段的带宽又可以设置为 4 种,分别是 20 M、40 M、80 M、160 M。在频宽为 20 M 的情况下,5.8G 可用信道为 149、153、157、161、165;5.2G 的可用信道为 36、40、44、48、52、56、60、64(国家使用雷达环境中会与 52、56、60、64 信道冲突,因此常规模式下建议避开这些雷达信道,以免出现无线终端接入问题)。

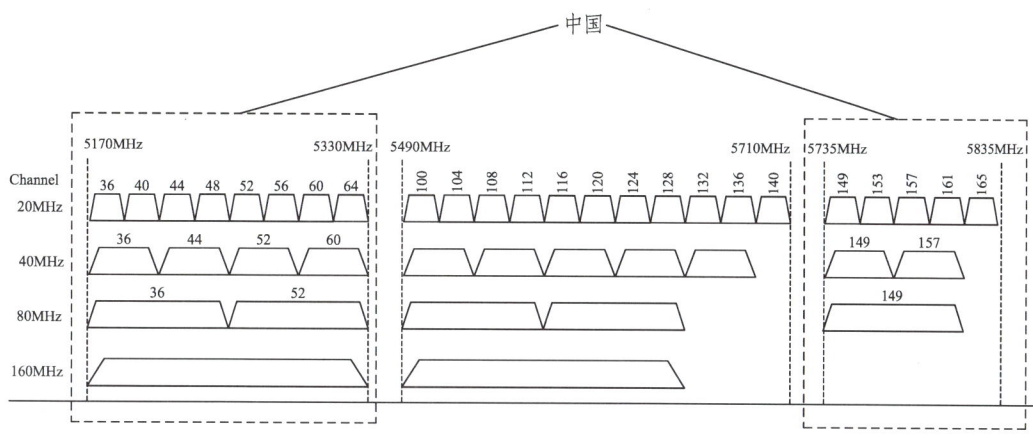

图 3.13　5G 工作频段划分

不同带宽的可用信道是不同的。以 40 M 带宽中的 36 信道为例，就是 36 和 40 这两个 20 M 带宽的信道绑定成一个 40 M 带宽的信道，对外配置使用的信道为 36。频宽的扩大会导致不重叠的非干扰的可用信道也相应变少，因此要根据实际业务需求，合理划分信道和频宽。

3.2.4　无线覆盖原则

无线覆盖的信道规划采用蜂窝式覆盖规划，如图 3.14 所示，在一个平面采用 1、6、11 这 3 个信道进行覆盖规划时，可以采取蜂窝式覆盖方式实现所有区域无相同信道干扰。对于蜂窝式覆盖，如果某个无线设备的发射功率过大，就会出现部分区域有同频干扰，这时可以通过调整无线设备的发射功率来避免这种情况的发生。

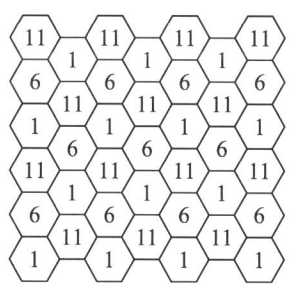

图 3.14　平面蜂窝式覆盖

这种在一个平面的蜂窝式覆盖，在垂直方向上是无法实现的，还是可能存在干扰。如果是三维空间，还需要考虑将多个二维平面的蜂窝式覆盖在垂直方向上再次进行蜂窝式立体规划。

如图 3.15 所示，每层楼 AP 的信道排列都不一样，如 1 楼采取 1、11、6 的顺序排列，在 2 楼对应的位置 AP 的信道采用 6、1、11 排列，3 楼采用 11、6、1 的顺序排列，以这种方式排列，无论是水平方向还是垂直方向，都能按照无线蜂窝式覆盖原则进行部署，从而可以最大限度地避免楼层间发生同频干扰。

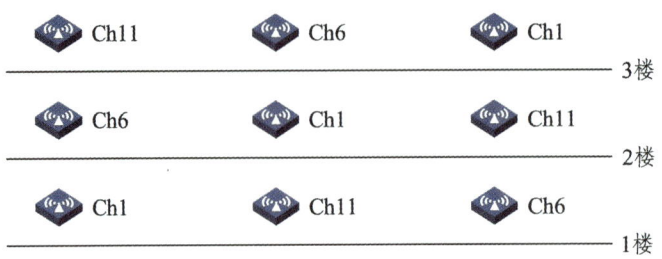

图 3.15　立体蜂窝式覆盖

　　电磁波频率越低，穿透能力越强，2.4G 穿透能力比 5G 更强，因此本原则对于 2.4G 频段信道规划更为重要。

项目 4 VRP 基础

4.1 VRP 概述

VRP（Versatile Routing Platform）即通用路由平台，是华为路由器的核心软件之一。运行 VRP 操作系统的华为产品包括路由器、局域网交换机、ATM 交换机、拨号访问服务器、IP 电话网关、电信级综合业务接入平台、智能业务选择网关及专用硬件防火墙等。

VRP 最早于 1998 年发布，当时它是华为公司自主研发的第一个路由器操作系统。VRP 从最初的版本开始不断演化和升级，目前已经发展到 VRP5、VRP8 和 VRP9 等多个版本。

VRP 是一种高性能、高可靠性的操作系统，能够支持多种路由协议和交换协议，如 IP、IPv6、OSPF、BGP、MPLS 等。VRP 具有丰富的安全功能，如 VPN、防火墙、访问控制等，可以保障网络的安全性。VRP 支持多种管理方式，如 CLI、Web、SNMP 等，可以方便地进行设备管理和维护。

4.2 VRP 命令行

4.2.1 使用 Console 接口登录设备

在网络设备上通常会有一个 Console 接口，我们会使用 Console 通信线缆登录设备，如图 4.1 所示。Console 通信线缆一端是 RJ-45 水晶头，另外一端是 D 型连接器或者 USB 接头。

图 4.1 Console 通信线缆

1. 线缆连接

如图 4.2 所示，使用 Console 通信线缆连接 PC 和网络设备。将 Console 通信线缆的 RJ-45 水晶头插入网络设备的 Console 接口中。将 Console 通信线缆的另一段插入 PC 机的 USB 接口或者串口中。如果是使用的 USB 接口，部分 PC 还需要安装对应的 Console 通信线缆驱动才能正常使用。

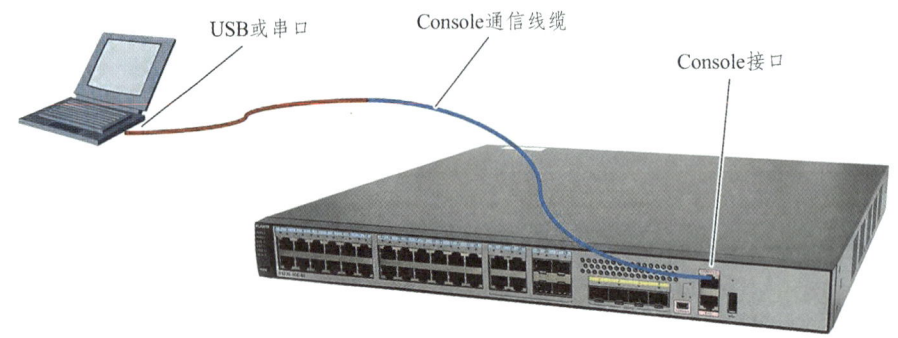

图 4.2 使用 Console 通信线缆连接 PC 与网络设备

2. 配置连接

PC 机可以使用超级终端或者 MobaXterm 之类的软件连接网络设备，以超级终端为例，首先新建一个连接，如图 4.3 所示，点击"确定"后选择连接端口，如图 4.4 所示，不同的设备其端口有所不同。

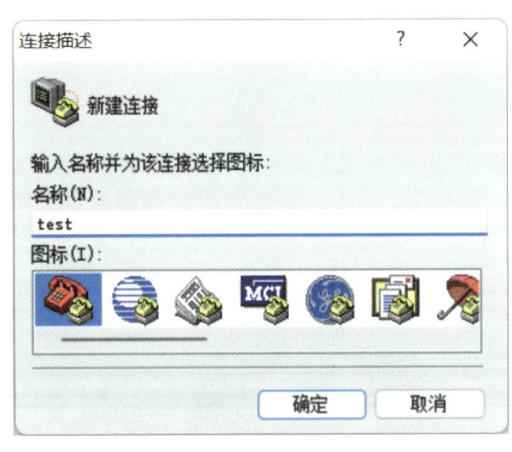
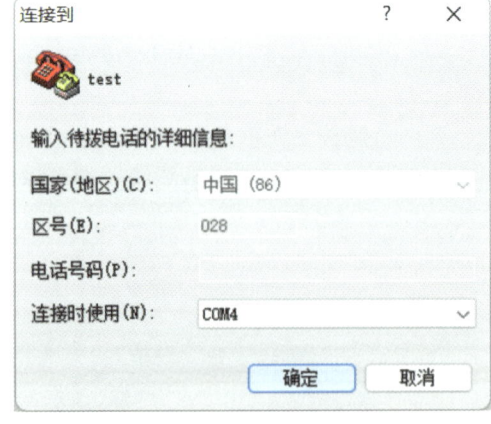

图 4.3 新建连接　　　　　　　　　　图 4.4 设置连接端口

3. 设置通信参数

完成端口选择后，需要对端口的通信参数进行设置，如图 4.5 所示，设备参数需要根据设备的要求来进行填写，大多数设备采用默认值即可（传输速率：9600；数据位：8；奇偶校验：无；停止位：1；数据流控制：无）。

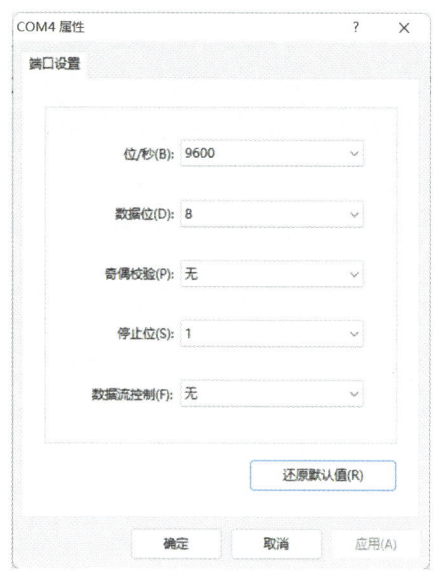

图 4.5　设置通信端口参数

4.2.2　命令行界面

命令行（CLI）是用户和设备之间的文本指令交互界面。用户可以通过终端连接（如串口、Telnet、SSH）登录华为路由器的 CLI 界面。登录成功后，用户将进入 CLI 的用户视图（User View）。在该视图下，用户可以执行一些基本操作，如查看设备信息、查看系统状态、进行简单配置等。

```
<Huawei>                        //进入用户视图
```

VRP 的命令总数有数千条之多，为了实现对它们的分级管理，VRP 分层的命令结构定义了很多命令行视图，如图 4.6 所示。每条命令只能在特定的视图中执行。每个命令都注册在一个或多个命令视图下，用户只有先进入这个命令所在的视图，才能运行相应的命令。

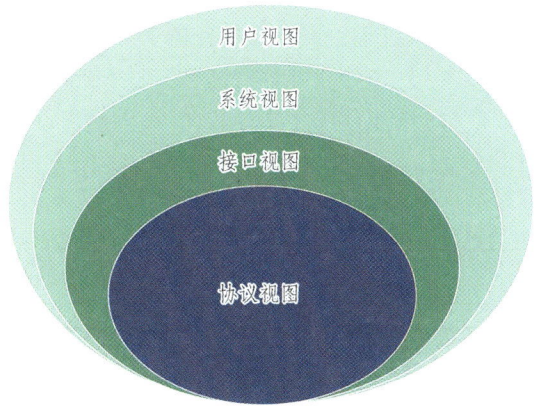

图 4.6　命令行视图

进入 VRP 系统的配置界面后，VRP 上最先出现的视图是用户视图<Huawei>。在该视图下，用户可以查看设备的运行状态和统计信息。

```
<Huawei>                            //进入用户视图
```

若要修改系统参数，用户必须输入"system-view"进入系统视图[Huawei]。

```
<Huawei>system-view                 //进入系统视图
[Huawei]                            //已进入系统视图
```

用户还可以通过系统视图进入其他的功能配置视图，如接口视图和协议视图。

```
[Huawei]interface GigabitEthernet 0/0/1        //进入接口视图
[Huawei-GigabitEthernet0/0/1]                  //已进入接口视图
```

通过提示符可以判断当前所处的视图，如"< >"表示用户视图，"[ ]"表示除用户视图以外的其他视图。当需要从一个视图退出到上一层视图时，可以使用"quit"命令。

```
[Huawei-GigabitEthernet0/0/1]quit   //从接口视图退出到系统视图
[Huawei]quit                        //从系统视图退出到用户视图
<Huawei>
```

在任何视图模式下使用"return"都可以直接从当前视图退出到用户视图。使用快捷键"Ctrl+Z"也可以达到相同的效果。

```
[Huawei-GigabitEthernet0/0/1]return //从接口视图直接退出到用户视图
<Huawei>
```

4.2.3 命令级别

VRP 系统将命令进行了分级管理，以增加设备的安全性。缺省情况下命令级别分为 0～3 级，用户级别分为 0～15 级。不同的用户权限对应的命令级别是不同的。设备管理员可以设置用户级别，一定级别的用户可以使用对应级别的命令行。具体的级别对应关系见表 4.1。

表 4.1　用户权限与命令级别对应关系

用户级别	命令级别	说明
0	0	访问级：网络诊断工具命令（ping、tracert）、从本设备出发访问外部设备的命令（Telnet 客户端）、部分 display 命令等
1	0、1	监控级：系统维护命令以及 display 等命令

续表

用户级别	命令级别	说明
2	0、1、2	配置级：业务配置命令，向用户提供直接网络服务，包括路由、各个网络层次的命令
3~15	0、1、2、3	管理级：用于系统运行的命令，对业务提供支撑作用，包括文件系统、FTP、TFTP下载、文件交换配置、电源供应控制、备份板控制、用户管理、命令级别设置、系统内部参数设置，以及用于业务故障诊断的debugging命令

用户 0 级为访问级别，对应网络诊断工具命令（ping、tracert）、从本设备出发访问外部设备的命令（Telnet 客户端）、部分 display 命令等。用户 1 级为监控级别，对应命令级 0、1 级，包括用于系统维护的命令以及 display 等命令。用户 2 级是配置级别，包括向用户提供直接网络服务，包括路由、各个网络层次的命令。用户 3~15 级是管理级别，对应命令 3 级，该级别主要是用于系统运行的命令，对业务提供支撑作用，包括文件系统、FTP、TFTP 下载、文件交换配置、电源供应控制、备份板控制、用户管理、命令级别设置、系统内部参数设置，以及用于业务故障诊断的 debugging 命令。

4.2.4 功能键

VRP 系统提供的命令行输入方法，支持多行输入，每条命令最大长度为 510 个字符，命令关键字不区分大小写，同时支持不完整关键字输入。VRP 系统为了简化操作，提供了很多快捷键，使用户能够快速执行操作。表 4.2 中提供了部分常用的快捷键。

表 4.2 常见的 VRP 命令行快捷键

快捷键	功能
退格键"BackSpace"	删除光标左边的第一个字符
←or CTRL+B	将光标向左移动一个字符
→or CTRL+F	将光标向右移动一个字符串
TAB	输入一个不完整的命令并按 Tab 键，就可以补全该命令
CTRL+A	把光标移动到当前命令行的最前端
CTRL+C	停止当前命令的运行
CTRL+Z	回到用户视图
CTRL+J	终止当前连接或切换连接
CTRL+D	删除当前光标所在位置的字符
CTRL+E	将光标移动到当前行的末尾
CTRL+H	删除光标左侧的一个字符
CTRL+N	显示历史命令缓冲区中的后一条命令
CTRL+P	显示历史命令缓冲区中的前一条命令

续表

快捷键	功能
CTRL+W	删除光标左侧的一个字符串
CTRL+X	删除光标左侧所有的字符
CTRL+Y	删除光标所在位置及其右侧所有的字符
ESC+B	将光标向左移动一个字符串
ESC+D	删除光标右侧的一个字符串
ESC+F	将光标向右移动一个字符串

4.2.5 不完整关键字输入

为了提高命令行输入的效率和准确性，若命令字的前几个字母在当前视图下是独一无二的，系统可以在输完该命令的前几个字母后自动将命令补充完整。如本例所示，用户只需输入 inter 并按 Tab 键，系统自动将命令补充为 interface。

```
[Huawei]int                    //输入"int"后按"Tab"键
[Huawei]interface
```

若命令字并非独一无二的，按 Tab 键后将显示所有可能的命令。如输入 in 并按 Tab 键，系统会按顺序显示以下命令：info-center，interface。

```
[Huawei]in                     //输入"in"后按"Tab"键
[Huawei]info-center            //按"Tab"键
[Huawei]interface
```

若命令字的前几个字母在当前视图下是独一无二的，可以不必输入完整的关键字，比如在用户视图下输入"system-view"，可以缩写成"sys"输入即可；在系统视图下输入"interface GigabitEthernet 0/0/1"，可以缩写为"int gi 0/0/1"输入。

```
<Huawei>sys                    //"system-view"的缩写
[Huawei]int gi 0/0/1           //"interface GigabitEthernet 0/0/1"的缩写
[Huawei-GigabitEthernet0/0/1]
```

4.2.6 命令行在线帮助

VRP 系统有数千条命令，每条命令又要多个参数，如何能正确使用这些命令就是一个难点，为此 VRP 提供了两种帮助功能，分别是部分帮助和完全帮助。

部分帮助指的是，当用户输入命令时，如果只记得此命令关键字的开头一个或几个字符，可以使用命令行的部分帮助获取以该字符串开头的所有关键字的提示和简单描述。

例如：在系统视图下输入"in"后输入"？"，就能够显示出当前视图下所有以"in"开头的命令或参数及简要描述。

```
[Huawei]in?                    //关键字+?
  info-center  <Group> info-center command group
  interface    Specify the interface configuration view
```

完全帮助指的是，在任一命令视图下，如果键入一条命令关键字，后接以空格分隔的"？"，如果该关键字在当前视图下唯一，则列出下一个参数及其描述。例如：在系统模式下输入"int"后再输入"空格"和"？"，就会列出该命令后面可以输入的参数及参数描述信息。

```
[Huawei]int ?                    //关键字+空格+?
  Bridge-if          Bridge-if interface
  Dialer             Dialer interface
  Eth-Trunk          Ethernet-Trunk interface
  GigabitEthernet    GigabitEthernet interface
  Ima-group          ATM-IMA interface
  LoopBack           LoopBack interface
  MFR                MFR interface
  Mp-group           Mp-group interface
  NULL               NULL interface
  Tunnel             Tunnel interface
  Virtual-Ethernet   Virtual-Ethernet interface
  Virtual-Template   Virtual-Template interface
  Vlanif             Vlan interface
  Wlan-Ess           Wlan-Ess interface
```

📖 说明

当使用完全帮助时，如果显示" <cr>   Please press ENTER to execute command"，则说明该条命令在当前已经是可执行命令。

4.3 基本配置

4.3.1 修改系统名称

网络上一般都会部署不止一台设备，管理员需要对这些设备进行统一管理。在进行设备调试时，首要任务是设置设备名来唯一地标识一台设备。例如，一台 AR2200E 路由器默认的设备名是"Huawei"，而另外一台 S5720 交换机默认的设备名也是"Huawei"，在使用中无法进行区分。通过"sysname"命令可以对设备名称进行修改，设备名称一旦设置，立刻生效。

```
[Huawei]sysname AR-01          //将 AR2200E 路由器的系统名称修改成"AR-01"
[AR-01]
```

```
[Huawei]sysname SW-01          //将 S5720 交换机的系统名称修改成"SW-01"
[SW-01]
```

4.3.2 配置设备系统时钟

系统时钟是设备上的系统时间戳。由于地域的不同，用户可以根据当地规定设置系统时钟。用户必须正确设置系统时钟以确保其与其他设备保持同步。

通过 clock timezone 命令对本地时区信息进行设置，具体的命令为 clock timezone time-zone-name { add | minus } offset。其中，参数"time-zone-name"为用户定义的时区名；参数"add"表示与 UTC 时间相比，"time-zone-name"增加的时间偏移量；参数"minus"为减少的时间偏移量；参数"offset"为偏移时间。例如，北京的时区是东 8 区，所以相应的配置是：

```
<AR-01>clock timezone BJ add 8:00                    //设置系统的时区
```

设置好时区后还需要设置设备当前的日期和时间，使用的命令为 clock datetime {HH:MM:SS YYYY-MM-DD}。其中，HH:MM:SS 为设置的时间，YYYY-MM-DD 为设置的日期。例如，将时间设置为 2024 年 4 月 10 日 16 点 30 分，相应的配置是：

```
<AR-01>clock datetime 10:30 2024-04-11               //设置系统的时间
```

4.3.3 配置设备 IP 地址

要在路由器设备接口上运行 IP 服务，必须为接口配置一个 IP 地址。用户可以利用 ip address <ip-address > { mask | mask-length } 命令为接口配置 IP 地址，在这个命令中，mask 代表的是 32 比特的子网掩码，如 255.255.255.0，mask-length 代表的是可替换的掩码长度值，如 24，这两者可以交换使用。例如，为设备的"GigabitEthernet0/0/1"接口配置 172.16.0.1，掩码是 255.255.255.0，则命令是：

```
<AR-01>system-view                                              //进入系统视图
[AR-01]interface GigabitEthernet 0/0/1                          //进入接口视图
[AR-01-GigabitEthernet0/0/1]ip address 172.16.0.1 255.255.255.0
```

4.3.4 查询配置数据

在 VRP 系统的日常使用中经常要查询数据，通常会使用到的命令关键字是"display"，例如，查询系统当前时间，命令是"display clock"。

```
<AR-01>display clock                    //查询设备当前的时钟信息
2024-04-11 10:53:19
Thursday
Time Zone (BJ) : UTC+08:00
```

4.3.5 删除配置数据

除了查询数据外，经常还需要删除配置数据，通常使用的命令关键字是"undo"。例如，要删除接口中已经配置的 IP 地址，命令是"undo ip address <ip-address> {mask| mask-length}"：

```
[AR-01-GigabitEthernet0/0/1]undo ip address 172.16.0.1 255.255.255.0
```

4.4 配置文件管理

4.4.1 配置文件管理概述

如图 4.7 所示，设备中的配置文件分为两种类型：当前配置文件和保存的配置文件。当前配置文件（Current-Configuration File）储存在设备的 RAM 中。用户可以通过命令行对设备进行配置，配置完成后使用 save 命令保存当前配置到存储设备中，形成保存的配置文件（Saved-Configuration File）。保存的配置文件都是以".cfg"或".zip"作为扩展名，存放在存储设备的根目录下。

在设备启动时，会从默认的存储路径下加载保存的配置文件到 RAM 中。如果默认的存储路径中没有保存的配置文件，则设备会使用缺省参数进行初始化配置。

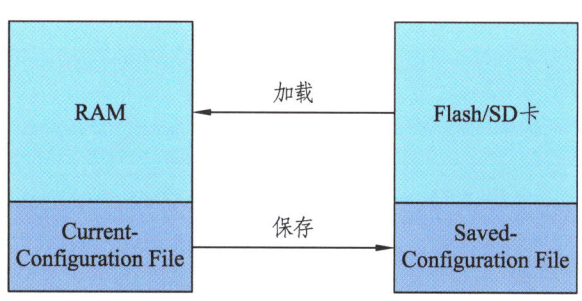

图 4.7 配置文件管理

4.4.2 保存当前配置

保存当前配置的方式有手动保存和自动保存两种。

1. 手动保存配置

用户可以使用命令"**save** [configuration-file]"保存当前配置文件在系统默认的存储路径中。其中，参数"configuration-file"为指定的配置文件名，格式必须为"*.cfg"或"*.zip"。如果未指定配置文件名，则配置文件名缺省为"vrpcfg.zip"。配置命令如下：

```
<AR-01>save                         //在用户视图允许保存命令
  The current configuration will be written to the device.
  Are you sure to continue? (y/n) [n]:y        //输入"y"确认保存
  It will take several minutes to save configuration file, please wait.......
  Configuration file had been saved successfully
  Note: The configuration file will take effect after being activated
```

如果需要将当前配置保存在指定配置文件中，则需要通过参数"configuration-file"指定文件名。例如，将当前配置保存在名为"backup.zip"的配置文件中，配置命令如下：

```
<AR-01>save backup.zip
 Are you sure to save the configuration to backup.zip? (y/n) [n]:y
  It will take several minutes to save configuration file, please wait.......
  Configuration file had been saved successfully
  Note: The configuration file will take effect after being activated
```

2. 自动保存配置

除了手动保存当前配置外，为降低用户因忘记保存配置而导致的数据丢失风险，VRP系统提供了自动保存功能。自动保存功能分为周期性自动保存和定时自动保存两种。

周期性自动保存的设置方法是：在用户视图下执行命令"autosave interval {on/off}"，开启设备的周期性自动保存功能，然后执行命令"autosave interval {time}"，设置自动保存周期，参数"time"为指定的时间周期，单位是 min（分钟），默认值 1440 min（24 h）。以设置自动保存周期为 30 min 为例，命令如下：

```
<AR-01>autosave interval on
<AR-01>autosave interval 30
```

定时自动保存的设置方法是：在用户视图下执行命令"autosave interval {on/off}"，开启设备的周期性自动保存功能，然后执行命令"autosave interval {time-value}"，设置自动保存的时间点。参数"time-value"为指定的时间点，格式为 hh：mm：ss，默认值为 00:00:00。

说明

(1) 周期性自动保存和定时自动保存是相互冲突的，同一时间、同一台设备只允许设置其中一种自动保存方式。如果要更换自动保存方式，则需要首先取消已设置的自动保存方式。

(2) 用户使用"save"命令进行手动方式保存配置不受限制。

4.4.3 设置下次启动的配置文件

在缺省情况下，在允许保存命令时设备会将当前配置文件保存到"vrpcfg.zip"文件。设备启动时，会从存储设备中加载"vrpcfg.zip"文件并进行初始化。如果存储设备中没有配置文件，设备将会使用默认参数进行初始化。通过 **startup saved-configuration** {configuration-file}命令可以指定系统下次启动时使用的配置文件，"configuration-file"参数为系统启动配置文件的名称。例如，将下次启动的配置文件设置为"test.cfg"，命令如下：

```
<AR-01>startup saved-configuration test.cfg
This operation will take several minutes, please wait....
Info: Succeeded in setting the file for booting system
```

 说明

设置了下次启动的配置文件后，再保存当前配置时，系统会默认将当前配置保存到所设置的下次启动的配置文件中，并且覆盖了下次启动的配置文件的原有内容。所以，保存当前配置时要特别小心。

4.4.4 比较当前的配置与下次启动的配置文件内容

设置了下次启动的配置文件后，还需要重启设备让配置生效。因此，可能会出现当前配置数据与下次启动的配置文件中的数据不一致的情况。VRP 系统提供了比较当前的配置与下次启动的配置文件内容的区别功能。命令是：compare configuration [configuration-file] [current-line-number saveline-number]。

 说明

参数"configuration-file"指定需要与当前配置进行比较的配置文件名。
参数"current-line-number"表示从当前配置的该行号开始比较。
参数"save-linenumber"表示从指定配置的该行号开始比较。

4.4.5 配置文件重置

如果要清除存储设备中启动配置文件的内容,可以使用命令 reset saved-configuration。执行该命令后,如果不使用命令 startup saved-configuration 重新指定设备下次启动时使用的配置文件,也不使用 save 命令保存配置文件,则设备下次启动时会采用缺省的配置参数进行初始化。

```
<AR-01>reset saved-configuration        //清除存储设备中启动配置文件的内容
This will delete the configuration in the flash memory.
The device configuratio
ns will be erased to reconfigure.
Are you sure? (y/n) [n]:y               //再次确认清除内容
 The config file does not exist.
```

4.4.6 重新启动设备

新的配置文件生效,或者处理故障时,经常需要对设备进行重启,在 VRP 系统中可以使用命令 reboot 进行重启,命令如下:

```
<AR-01>reboot                           //重启设备
Info: The system is comparing the configuration, please wait.
Warning: All the configuration will be saved to the next startup configuration.
Continue ? [y/n]:n                      //是否保存当前配置
System will reboot! Continue ? [y/n]:y  //再次确认是否重启
Info: system is rebooting, please wait...
```

4.5 文件管理

VRP 系统中的文件多种多样,主要包括设备的配置文件、系统软件、License 文件、补丁文件等。这些文件和目录都存在设备的外部存储器中,外部存储器包括 Flash 存储器和 SD 卡。有的设备还支持通过外接 U 盘来扩充设备的外部存储容量。VRP 文件系统可以用来创建、删除、修改、复制和显示文件及目录。

4.5.1 备份配置文件

1. 查看当前路径下的文件

查看当前路径下的文件信息,使用的命令是 **dir**[/all][file name/directory]。默认情况下当前路径是设备的 Flash 根,查询的结果是该目录下的文件和目录,命令如下:

```
<AR-01>dir                  //查看当前路径下的文件
Directory of flash:/
  Idx  Attr   Size(Byte)  Date        Time(LMT)  FileName
   0   -rw-            0  Apr 15 2024 02:56:13   test.cfg
   1   drw-            -  Apr 15 2024 01:47:29   dhcp
   2   -rw-      121,802  May 26 2014 09:20:58   portalpage.zip
   3   -rw-        2,263  Apr 15 2024 03:34:59   statemach.efs
   4   -rw-      828,482  May 26 2014 09:20:58   sslvpn.zip
   5   -rw-          249  Apr 15 2024 02:32:13   private-data.txt
   6   -rw-          607  Apr 15 2024 03:36:30   vrpcfg.zip
1,090,732 KB total (784,452 KB free)
```

📖 说明

参数"/all"表示查看当前路径下的所有文件和目录,包括已经删除至回收站的文件。
参数"file name"表示待查看文件的名称。
参数"directory"表示待查看目录的路径。

2. 新建目录

创建一个新的目录,命令是 makdir [directory]。参数"directory"表示需要创建的目录,例如,在 Flash 的根目录下创建一个名为"bacup"的目录:

```
<AR-01>mkdir flash:/backup
Info: Create directory flash:/backup......Done
```

3. 复制并重命名文件

当需要备份某个文件时,可以使用命令 copy {source-filename}{destination-filename}。例如,将 Flash 根目录的 vrpcfg.zip 文件复制到路径为 flash:/backup 的目录下,重命名为 vrpcfg-backup.zip。

```
<RA-01>copy flash:/vrpcfg.zip flash:/backup/vrpcfg-backup.zip     //复制文件
  Copy flash:/vrpcfg.zip to flash:/backup/vrpcfg-backup.zip?(y/n)[n]:y  //再次确认
  100%  complete
```

📖 说明

参数"source-filename"表示被复制文件的路径及源文件名。
参数"destination-filename"表示复制以后目标文件的路径及目标文件名。

4. 查看备份后的文件

通过命令 cd {directory} 修改当前的工作路径，再使用命令 "dir" 就可以查看备份后的文件，命令如下：

```
<RA-01>cd backup                //进入 flash:/backup 目录
<RA-01>dir                      //查看 flash:/backup 目录下的文件和目录
Directory of flash:/backup/
  Idx  Attr     Size(Byte)  Date         Time(LMT)  FileName
    0  -rw-            607  Apr 15 2024  03:59:24   vrpcfg-backup.zip    //已备份文件
1,090,732 KB total (784,448 KB free)
```

4.5.2 删除文件

当文件需要被删除时，可以使用命令 delete [/unreserved] [/force] filename。例如，要删除当前目录下的 vrpcfg-backup.zip 文件，命令如下：

```
<RA-01>delete /unreserved vrpcfg-backup.zip    //彻底删除 vrpcfg-backup.zip 文件
Warning: The contents of file flash:/backup/vrpcfg-backup.zip cannot be recycled
. Continue? (y/n)[n]:y                         //再次确认删除
Info: Deleting file flash:/backup/vrpcfg-backup.zip...
Deleting file permanently from flash will take a long time if needed...succeed.
```

📖 说明

参数 "/unreserved" 表示彻底删除指定文件。如果不使用该参数，则被删除文件会被保存到回收站，可以使用 undelete 命令恢复回收站的文件。

参数 "/force" 表示无须确认删除文件。

参数 "filename" 表示要删除的文件名。

4.5.3 传输文件

1. 使用 FTP 传输文件

FTP（File Transfer Protocol）是 TCP/IP 协议族中的一种应用层协议，称为文件传输协议。FTP 的主要功能是向用户提供本地和远程主机之间的文件传输。在进行版本升级、日志下载和配置保存等业务操作时，会广泛地使用到 FTP。

FTP 采用两个 TCP 连接：控制连接和数据连接。其中，控制连接用于连接控制端口，传输控制命令；数据连接用于连接数据端口，传输数据。在控制连接建立后，数据连接通过控制端口的命令建立起连接，进行数据传输。FTP 数据连接的建立有两种模式：主动模式和被动模式，两者的区别在于数据连接是由服务器发起还是由客户端发起。默认情况下 FTP 协议使用 TCP 端口中的 20 和 21 这两个端口，其中 20 端口用于传输数据，21 端口用于传输控制信息。但是，是否使用 20 端口作为传输数据的端口与 FTP 使用的传输模式有关：如果采用主动模式，那么数据传输端口就是 20；如果采用被动模式，具体最终使用哪个端口则要由服务器端和客户端协商决定。

华为的交换机和路由器在使用 FTP 进行文件传输时既可以作为服务器，也可以作为客户端使用。

如图 4.8 所示，将一台路由器作为客户端，将 PC 上的一个名为"test.txt"的文件传输到路由器

（1）需要通过客户端登录到 FTP 服务器，使用的命令是：**ftp** host-ip[port-number]，具体命令如下：

```
<RA-01>ftp 192.168.0.1              //连接服务器 192.168.0.1
Trying 192.168.0.1 ...
Press CTRL+K to abort
Connected to 192.168.0.1.
220 FtpServerTry FtpD for free
User (192.168.0.1: (none)):admin    //服务器的用户名
331 Password required for admin .
Enter password:admin                //服务器的密码
230 User admin logged in, proceed
[RA-01-ftp]
```

图 4.8　路由器作为客户端进行 FTP 文件传输

> 📖 说明
>
> 参数"host-ip"表示服务器的 IP 地址。
> 参数"port-number"表示 FTP 服务器的端口号，默认为 21。

（2）为方便后面的文件传输，可以使用命令"**dir**"查看服务器上当前目录下有哪些文件。

```
[RA-01-ftp]dir
200 Port command okay.
150 Opening ASCII NO-PRINT mode data connection for ls -l.
-rwxrwxrwx   1 admin      nogroup        6654 Dec 27  2023 rip.topo
-rwxrwxrwx   1 admin      nogroup        9272 Oct 22  2014 test.TXT
-rwxrwxrwx   1 admin      nogroup         535 Dec 27  2023 vrpcfg.zip
226 Transfer finished successfully. Data connection closed.
FTP: 206 byte(s) received in 0.170 second(s) 1.21Kbyte(s)/sec.
```

（3）使用命令"get"和"put"对文件进行上传和下载，其中"get"表示从 FTP 服务器下载文件到 FTP 客户端，命令格式是 get remote-filename [local-filename]。命令"put"表示从 FTP 客户端上传文件到 FTP 服务器，命令格式是 put local-filename [remote-filename]。将服务器上的一个名为"test.txt"的文件传输到客户端，具体命令如下：

```
[RA-01-ftp]get test.txt
200 Port command okay.
150 Sending test.txt (9272 bytes). Mode STREAM Type BINARY
31%62226 Transfer finished successfully. Data connection closed.
FTP: 9272 byte(s) received in 0.260 second(s) 35.66Kbyte(s)/sec.
```

（4）使用命令"dir"查看文件是否传输完成。

```
<RA-01>dir
Directory of flash:/
  Idx  Attr    Size(Byte)   Date         Time(LMT)   FileName
   0   drw-         -       Apr 22 2024  07:15:00    dhcp
   1   -rw-     121,802     May 26 2014  09:20:58    portalpage.zip
   2   -rw-       9,272     Apr 22 2024  07:48:04    test.txt
   3   -rw-       2,263     Apr 22 2024  07:22:50    statemach.efs
   4   -rw-     828,482     May 26 2014  09:20:58    sslvpn.zip
1,090,732 KB total (784,452 KB free)
```

FTP 协议是不安全的，因为它在传输过程中使用明文传输，包括用户名、密码和文件内容。为了加强安全性，可以使用加密协议，如 FTPS（基于 SSL/TLS 的 FTP）或 SFTP（基于 SSH 的安全文件传输协议）。

2. 使用 TFTP 传输文件

TFTP（Trivial File Transfer Protocol，简单文件传输协议）是 TCP/IP 协议族中的一个用于在客户机与服务器之间进行简单文件传输的协议。TFTP 采用的传输层协议是

UDP，端口号为 69。与 FTP 协议不同，TFTP 主要提供不复杂、开销不大的文件传输服务。TFTP 不进行用户身份验证和数据加密，因此在安全性方面存在一些风险。传输的数据可以被拦截和篡改。

TFTP 和 FTP 协议一样采用"服务器/客户端"的工作方式，与 FTP 协议不同的是华为的交换机和路由器只支持作为 TFTP 客户端使用，不能作为服务器使用。文件传输需要使用的命令是：tftp tftp-server{get/put} source-filename [destination-filename]。

TFTP 虽然安全性不高，并且只能传输简单的文件，但是相比其他协议，TFTP 更为简单和方便，在一些特定场景下有较高的实用性，如常应用于网络引导和固件升级，或者用于在局域网内传输配置文件、日志文件等。注意：在传输敏感数据时，尽量使用其他文件传输协议。

项目 5　VLAN

5.1　VLAN 的基本原理

5.1.1　VLAN 的作用

早期以太网是一种基于 CSMA/CD（Carrier Sense Multiple Access/Collision Detection）的共享通信介质的数据网络通信技术。这种网络构成了一个冲突域，网络中计算机数量越多，冲突越严重，网络效率越低。同时，该网络也是一个广播域，当网络中发送信息的计算机数量越多时，广播流量将会耗费大量带宽。因此，传统局域网不仅面临冲突域太大和广播域太大两大难题，而且无法保障传输信息的安全。

为了扩展传统 LAN，以接入更多计算机，同时避免冲突的恶化，出现了网桥和二层交换机，它们能有效隔离冲突域。网桥和交换机采用交换方式将来自入端口的信息转发到出端口上，克服了共享网络中的冲突问题。但是，采用交换机进行组网时，广播域和信息安全问题依旧存在。如图 5.1 所示，在一个只有一个广播域的网络中，如果有一个广播帧，就会通过广播的形式发送到网络中的所有节点。

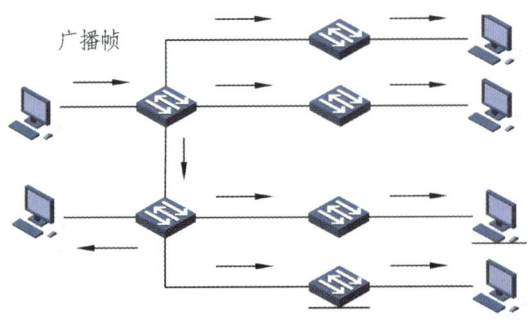

图 5.1　没有 VLAN 的广播

为限制广播域的范围，减少广播流量，需要在没有二层互访需求的主机之间进行隔离。路由器是基于三层 IP 地址信息来选择路由和转发数据的，其连接两个网段时可以有效抑制广播报文的转发，但成本较高。因此，人们设想在物理局域网上构建多个逻辑局域网，即 VLAN。VLAN 技术可以把一个 LAN 划分成多个有逻辑的 VLAN，每个 VLAN 是一个广播域，VLAN 内的主机间通信就和在一个 LAN 内一样，而 VLAN 间则不能直接互通，这样广播报文就被限制在一个 VLAN 内，如图 5.2 所示。

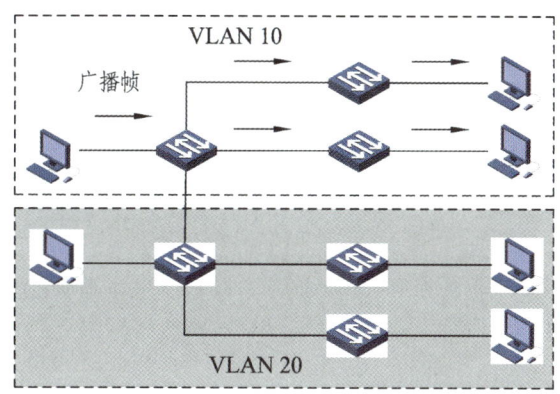

图 5.2　存在不同 VLAN 的广播

5.1.2　VLAN 的基本原理

在以太网中，传统以太帧中能用于交换机判断的内容只有 MAC 地址，所以交换机对数据帧转发和过滤的依据只能是 MAC 地址。要增加控制功能必须要修改以太帧的结构，因此在 IEEE802.1Q 中重新定义了支持 VLAN 特性的交换机标准规范。如图 5.3 所示，在 IEEE802.1Q 帧格式中，增加了与 VLAN 相关的标签（tag）。

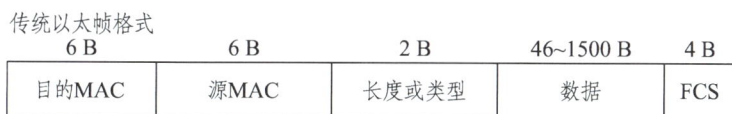

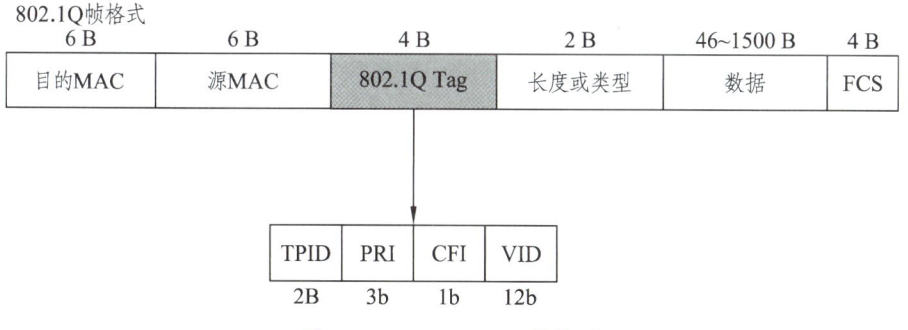

图 5.3　IEEE 802.1Q 帧格式

IEEE 802.1Q 帧格式中，802.1Q Tag 中的各字段含义见表 5.1。

表 5.1　802.1Q Tag 中各字段含义

字段	长度	名称	说明
TPID	2 B	Tag Protocol Identifier，表示这个帧是否带有 Tag	固定取值，0x8100，是 IEEE 定义的新类型，表明这是一个携带 802.1Q 标签的帧，否则表示该帧是传统的不带 Tag 的帧

续表

字段	长度	名称	说明
PRI	3 b	Priority，表示帧的优先级	取值范围为 0~7，值越大，优先级越高。当交换机阻塞时，优先发送优先级高的数据帧
CFI	1 b	Canonical Format Indicator，表示 MAC 地址在不同传输介质中的封装格式	CFI 表示 MAC 地址是否是经典格式。CFI 为 0 表示是经典格式，CFI 为 1 表示是非经典格式。它用于区分以太网帧、FDDI（Fiber Distributed Digital Interface）帧和令牌环网帧。在以太网中，CFI 的值为 0
VID	12 b	VLAN Identifier，表示该帧所属的 VLAN	可配置的 VLAN ID 的取值范围为 0~4095，但是 0 和 4095 在协议中规定为保留的 VLAN ID，不能给用户使用。所以实际有效的 VLAN ID 范围为 1~4094

在现有的交换网络环境中，以太网的帧有两种格式：没有加上 VLAN 标记的标准以太网帧（untagged frame）和有 VLAN 标记的以太网帧（Tagged frame）。交换机在对数据帧进行洪泛、转发和过滤时会首先判断该数据帧是否带有 Tag，然后根据 Tag 中的 VID 进行转发。而计算机因为无法识别 Tag，所以计算机接收到带 Tag 的数据帧时，会将该数据丢弃。

5.2　VLAN 的分类

当交换机接收到不带标签的 Untagged 帧时，会根据某个原则将该数据帧划分到特定的 VLAN 中。根据划分的原则不同，VLAN 就有了不同的类型。

1. 基于端口划分

根据交换机的端口编号来划分 VLAN。通过为交换机的每个端口配置不同的 PVID，将不同端口划分到相应的 VLAN 中。初始情况下，X7 系列交换机的端口处于 VLAN1 中。此方法配置简单，但是当主机移动位置时，需要重新配置 VLAN。

2. 基于 MAC 地址划分

根据主机网卡的 MAC 地址划分 VLAN。此划分方法需要网络管理员提前配置网络中的主机 MAC 地址和 VLAN ID 的映射关系。如果交换机收到不带标签的数据帧，会查找之前配置的 MAC 地址和 VLAN 映射表，根据数据帧中携带的 MAC 地址来添加相应的 VLAN 标签。在使用此方法配置 VLAN 时，即使主机移动位置也不需要重新配置 VLAN。

3. 基于 IP 子网划分

交换机在收到不带标签的数据帧时，根据报文携带的 IP 地址给数据帧添加 VLAN 标签。

4. 基于协议划分

根据数据帧的协议类型（或协议族类型）、封装格式来分配 VLAN ID。网络管理员需要首先配置协议类型和 VLAN ID 之间的映射关系。

5. 基于策略划分

使用几个条件的组合来分配 VLAN 标签。这些条件包括 IP 子网、端口和 IP 地址等。只有当所有条件都匹配时，交换机才为数据帧添加 VLAN 标签。另外，针对每一条策略都是需要手工配置的。

在这 5 种划分原则中，基于端口的划分是用得最为广泛的。

5.3 链路类型和端口类型

5.3.1 链路类型

在一个支持 VLAN 的交换网络中，我们把连接用户主机和交换机的链路称为接入链路（Access Link），连接交换机和交换机的链路称为干道链路（Trunk Link），如图 5.4 所示。

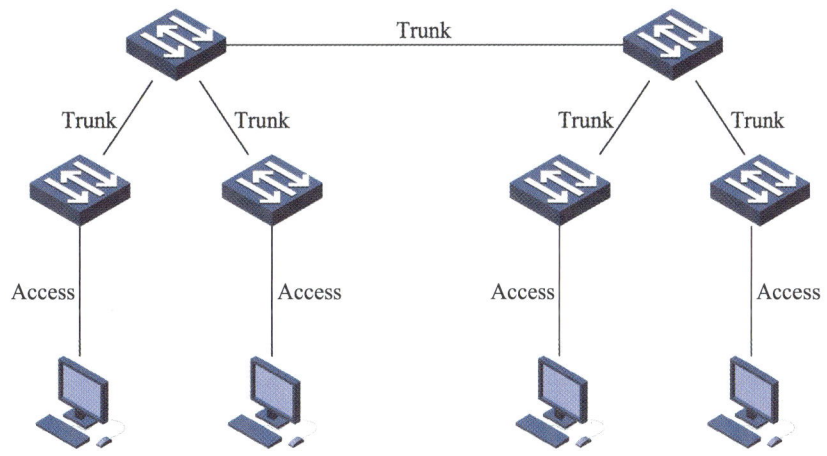

图 5.4 链路类型

5.3.2 端口类型

如图 5.5 所示，Access 链路上交换机侧端口称为 Access 端口，Trunk 链路上的交换机端口称为 Trunk 端口。

在能支持 VLAN 的交换网络中，所有以太网帧在交换机中都是以 Tagged 的形式被处理和转发的，因此交换机必须给端口收到的 Untagged 数据帧添加上 Tag。为了实现此目的，必须为交换机配置端口的缺省 VLAN。当该端口收到 Untagged 数据帧时，交换机将给它加上该缺省 VLAN 的 VLAN Tag，这个缺省 VLAN 称为 PVID，即 Port VLAN ID。在缺省情况下，PVID=1。

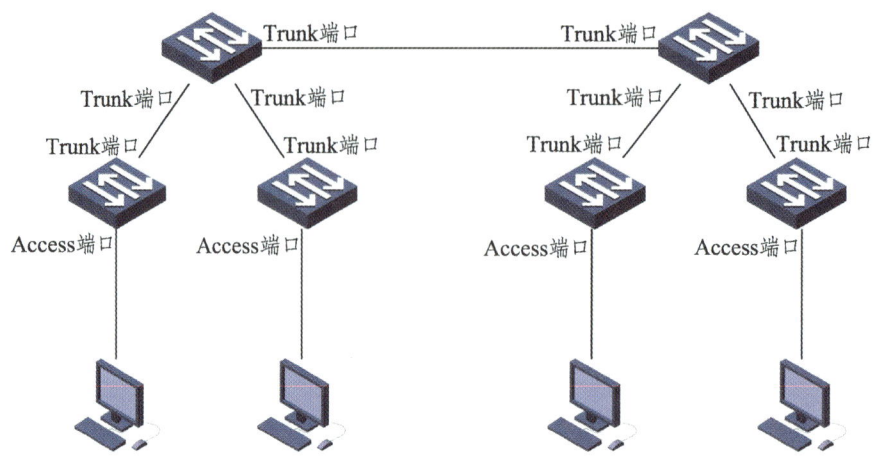

图 5.5 端口类型

1. Access 端口

由于计算机只能接收不带标签的 Tagged 帧，在 Access 链路上交换机侧端口接收和发送的都是没有标签的 Untagged 帧，这种端口称为 Access 端口。Access 端口收发数据帧时的规则如下：

Access 端口接收数据帧时：如果该端口收到对端设备发送的帧是 untagged（不带 VLAN 标签），交换机将强制加上该端口的 PVID。如果该端口收到对端设备发送的帧是 tagged（带 VLAN 标签），交换机会检查该标签内的 VLAN ID。当 VLAN ID 与该端口的 PVID 相同时，接收该报文。当 VLAN ID 与该端口的 PVID 不同时，丢弃该报文。

Access 端口发送数据帧时：总是先剥离帧的 Tag，然后再发送。Access 端口发往对端设备的以太网帧永远是不带标签的帧。

2. Trunk 端口

Trunk 端口是交换机上用来和其他交换机连接的端口，它只能连接干道链路。Trunk 端口允许多个 VLAN 的帧（带 Tag 标记）通过。Trunk 端口收发数据帧时的规则如下：

Trunk 端口接收数据帧时：当接收到对端设备发送的不带 Tag 的数据帧时，会添加该端口的 PVID，如果 PVID 在允许通过的 VLAN ID 列表中，则接收该报文，否则丢弃该报文。当接收到对端设备发送的带 Tag 的数据帧时，检查 VLAN ID 是否在允许通过的 VLAN ID 列表中。如果 VLAN ID 在接口允许通过的 VLAN ID 列表中，则接收该报文，否则丢弃该报文。

Trunk 端口发送数据帧时：当 VLAN ID 与端口的 PVID 相同，且是该端口允许通过的 VLAN ID 时，去掉 Tag，发送该报文。当 VLAN ID 与端口的 PVID 不同，且是该端口允许通过的 VLAN ID 时，保持原有 Tag，发送该报文。

3. Hybrid 端口

Access 端口通常用于连接计算机、服务器等终端设备。Trunk 端口通常用于交换机之间互联。除了 Access 端口和 Trunk 端口外，还有一种端口既可以连接终端设备，也可以用于交换机之间的连接，这种端口称为 Hybrid 端口。华为设备默认的端口类型就是 Hybrid 端口。Hybrid 端口收发数据帧的规则如下：

当接收到对端设备发送的不带 Tag 的数据帧时，会添加该端口的 PVID，如果 PVID 在允许通过的 VLAN ID 列表中，则接收该报文，否则丢弃该报文。当接收到对端设备发送的带 Tag 的数据帧时，检查 VLAN ID 是否在允许通过的 VLAN ID 列表中。如果 VLAN ID 在接口允许通过的 VLAN ID 列表中，则接收该报文，否则丢弃该报文。

Hybrid 端口发送数据帧时，将检查该接口是否允许该 VLAN 数据帧通过。如果允许通过，则可以通过命令配置发送时是否携带 Tag。

Hybrid 端口具有很高的灵活性。当使用 Hybrid 端口时，如果端口只配置一个 VLAN ID，并且 VLAN ID=PVID，发送时配置为不携带 Tag，这时，Hybrid 端口是可以代替 Access 端口的。当 Hybrid 端口配置有多个 VLAN ID，并且 PVID=1，则发送时配置为携带 Tag，这时，Hybrid 端口是可以代替 Trunk 端口的。

5.4 VLAN 配置示例

某公司有两层办公楼，每层楼安装有一台二层交换机，两台交换机通过网线连接在一起。一楼交换机连接有 PC1 和 PC2，二楼交换机连接有 PC3 和 PC4。其中，PC1 和 PC3 同属于公司的业务部，PC2 和 PC4 同属于公司的研发部。为阻断不同部门之间的二层通信，需要将两个部门划分到两个不同的 VLAN 中。

1. 配置思路

（1）两个部门需要划分到两个不同的 VLAN 中；
（2）连接 PC 的交换机端口使用 Access 端口；
（3）两台交换机之间使用 Trunk 端口连接。

2. 拓扑图规划

根据需求分析绘制网络拓扑图，如图 5.6 所示。

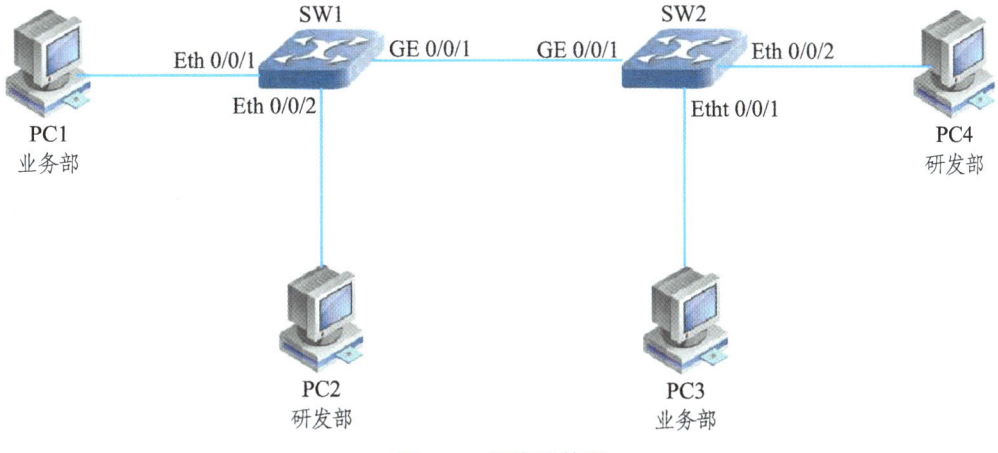

图 5.6 网络拓扑图

3. 数据规划

根据拓扑图和需求分析，完成网络数据的规划，见表 5.2。

表 5.2 数据规划

本端					对端			
设备名称	IP 地址	端口	端口类型	VID	设备名称	端口	端口类型	VID
PC1	192.168.0.1/24				SW1	Eth 0/0/1	Access	10
PC2	192.168.0.2/24				SW1	Eth 0/0/2	Access	20
PC3	192.168.0.3/24				SW2	Eth 0/0/1	Access	10
PC4	192.168.0.4/24				SW2	Eth 0/0/2	Access	20
SW1		GE 0/0/1	Trunk	10/20	SW2	GE 0/0/1	Trunk	10/20

4. 配置步骤

（1）SW1 的数据配置步骤：

步骤一：进入系统视图（命令：system-view），并修改交换机名称（命令：sysname {name}），执行命令如下：

```
<Huawei>system-view                //进入系统视图
Enter system view, return user view with Ctrl+Z.
[Huawei]sysname SW1                //修改交换机名称为SW1
[SW1]
```

步骤二：创建 VLAN（命令：vlan {vlan-ID} 或 vlan batch{VLAN-id1…}），执行命令如下：

```
[SW1]vlan batch 10 20              //创建 VLAN 10 和 VLAN20
```

📖 配置说明

①创建 VLAN 是在系统视图下进行。
②VLAN -id 的取值范围是 0～4095，有效取值范围是 1～4094。
③VLAN 1 是设备端口的默认 VLAN，不能被创建或删除。

步骤三：Access 端口数据配置，在对应的接口视图下，配置端口的属性为 Access 端口（命令：port link-type {access/trunk/hybrid}），再配置该端口的默认 VLAN（命令：port default vlan {vlan-ID}），执行命令如下：

```
[SW1]interface Ethernet 0/0/1                    //进入接口视图
[SW1-Ethernet0/0/1]port link-type access         //配置端口属性为Access端口
[SW1-Ethernet0/0/1]port default vlan 10          //配置默认VLAN
[SW1-Ethernet0/0/1]interface Ethernet 0/0/2
[SW1-Ethernet0/0/2]port link-type access
[SW1-Ethernet0/0/2]port default vlan 20
```

 配置说明

①参数"Ethernet0/0/1"表示接口类型是 Ethernet 端口，0/0/1 表示端口的编号，编号原则是设备号/槽位号/端口号。

②华为的设备默认端口属性为 Hybrid。

③Access 接口的 VID=PVID，且只有一个 VID，因此只需要配置默认 VLAN 即可，不需要再配置 PVID。

④在缺省情况下，所有接口的 VLAN ID=1，PVID=1。

步骤四：Trunk 端口数据配置，在对应的接口视图下，配置端口的属性为 Trunk 端口（命令：port link-type {access/trunk/hybrid}），再配置 Trunk 端口的 VLAN（命令：port trunk allow-pass vlan {vlan-id1…/all}），执行命令如下：

```
[SW1]interface GigabitEthernet 0/0/1
[SW1-GigabitEthernet0/0/1]port link-type trunk        //配置端口属性为 Trunk 端口
[SW1-GigabitEthernet0/0/1]port trunk allow-pass vlan 10 20   //配置 trunk 端口的 VLAN
```

 配置说明

①"Vlan-ID1…vlan-IDn"表示允许转发的 VLAN，即端口 VID。

②"All"表示所有 VLAN 都允许转发。

③Trunk 端口默认 PVID=1，通常不用修改，如果需要修改可以使用命令：port trunk pvid vlan{vlan-id}。

（2）SW2 的数据配置步骤：

按照 SW1 的数据配置步骤，完成 SW2 的数据配置，具体命令如下：

```
<Huawei>system-view
[Huawei]sysname SW2
[SW2]vlan batch 10 20
[SW2]interface Ethernet 0/0/1
[SW2-Ethernet0/0/1]port link-type access
```

```
[SW2-Ethernet0/0/1]port default vlan 10
[SW2-Ethernet0/0/1]interface Ethernet 0/0/2
[SW2-Ethernet0/0/2]port link-type access
[SW2-Ethernet0/0/2]port default vlan 20
[SW2-Ethernet0/0/2]interface GigabitEthernet 0/0/1
[SW2-GigabitEthernet0/0/1]port link-type trunk
[SW2-GigabitEthernet0/0/1]port trunk allow-pass vlan 10 20
```

5. 查询配置结果

在数据配置完成后使用命令 display port vlan 查看交换机的端口 VLAN 配置信息。

#SW1 的端口 VLAN 配置信息：

```
[SW1]dis port vlan
Port                    Link Type    PVID   Trunk VLAN List
--------------------------------------------------------------
Ethernet0/0/1           access       10     -
Ethernet0/0/2           access       20     -
GigabitEthernet0/0/1    trunk        1      1 10 20
```

#SW2 的端口 VLAN 配置信息：

```
[SW2]dis port vlan
Port                    Link Type    PVID   Trunk VLAN List
--------------------------------------------------------------
Ethernet0/0/1           access       10     -
Ethernet0/0/2           access       20     -
GigabitEthernet0/0/1    trunk        1      1 10 20
```

6. 测试结果

在 4 台 PC 上配置 IP 地址后，业务部的两台 PC 之间通过 ping 命令测试能互通；研发部的两台 PC 之间通过 ping 命令测试也能互通；但是业务部和研发部之间的 PC 不能互通。

7. 常用命令汇总

VLAN 配置中常用命令见表 5.3。

表 5.3 常用命令

命令名称	命令	说明
配置端口属性	port link-type {access/trunk/hybrid}	必选，华为交换机默认为 Hybrid 端口
配置端口的默认 VLAN	port default vlan {vlan-ID}	Access 端口必选，默认 VLAN ID=1
配置 Trunk 端口的 VLAN	port trunk allow-pass vlan {vlan-id1…}	Trunk 端口必选，默认 VLAN ID=1
配置 Trunk 端口的 PVID	port trunk pvid vlan{vlan-id}	Trunk 端口可选，默认 PVID=1
配置 Hybrid 端口所属的 VLAN	port hybrid {untagged/tagged} vlan {vlan-id1…/all}	Hybrid 必选，默认 VLAN ID=1
配置 Hybrid 端口的 PVID	port hybrid pvid vlan{vlan-id}	Hybrid 可选，默认 PVID=1
查看端口 VLAN 信息	display port vlan	可选
查看 VLAN 的相关信息	display vlan	可选

5.5 GVRP

5.5.1 GVRP 概述

在简单的交换网络中配置 VLAN 时，每一台交换机上的 VLAN 都需要手工进行配置。当网络变得复杂后，所需要配置的 VLAN 数量就会大幅度增加。大量的 VLAN 配置工作量会非常大，而且非常容易配置错误。在这种情况下，用户可以通过 GVRP 的 VLAN 自动注册功能完成 VLAN 的配置。

GARP（Generic Attribute Registration Protocol）全称是通用属性注册协议。它为处于同一个交换网内的交换成员之间提供了一种分发、传播、注册某种信息的手段，这些信息可以是 VLAN 信息、组播组地址等。通过 GARP 机制，一个 GARP 成员上的配置信息会迅速传播到整个交换网。

GARP 主要用于大中型网络中，用来提升交换机的管理效率。在大中型网络中，如果管理员手动配置和维护每台交换机，将会带来巨大的工作量。使用 GARP 可以自动完成大量交换机的配置和部署，减少大量的人力消耗，提高管理效率。

5.5.2 GVRP 注册

如图 5.7 所示，当 SW1、SW2、SW3 都使能了 GVRP 功能，并且在相关接口上都使能了 GVRP 功能后。在 SW1 上创建静态 VLAN10，通过 VLAN 属性的单向注册，将 SW2 和 SW3 的相应端口自动加入 VLAN10，如图 5.7 实线部分所示。

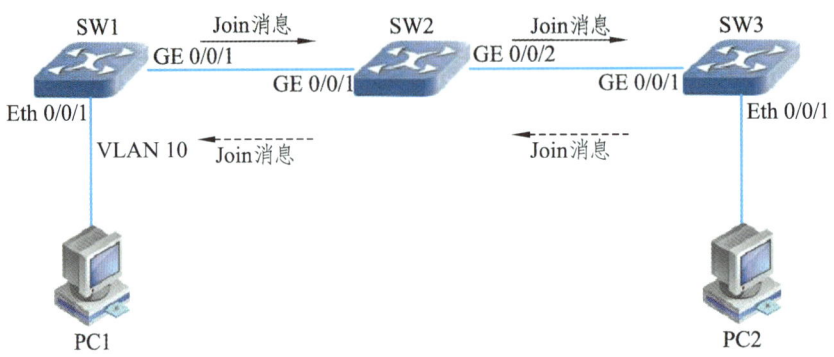

图 5.7　VLAN 属性的注册

（1）在 SW1 上创建静态 VLAN10 后，SW1 的 GE0/0/1 启动 Join 定时器和 Hold 定时器，等待 Hold 定时器超时后，SW1 向外发送第一个 JoinEmpty 消息，Join 定时器超时后再次启动 Hold 定时器，再等待 Hold 定时器超时后，发送第二个 JoinEmpty 消息。

（2）SW2 上接收到第一个 JoinEmpty 后创建动态 VLAN10，并把接收到 JoinEmpty 消息的 GE0/0/1 加入动态 VLAN10 中，同时告知 GE0/0/2 启动 Join 定时器和 Hold 定时器，等待 Hold 定时器超时后向外发送第一个 JoinEmpty 消息，Join 定时器超时后再次启动 Hold 定时器，Hold 定时器超时之后，发送第二个 JoinEmpty 消息。SW2 上收到第二个 JoinEmpty 后，因为 GE0/0/1 已经加入动态 VLAN10，所以不作处理。

（3）SW3 上接收到第一个 JoinEmpty 后创建动态 VLAN10，并把接收到 JoinEmpty 消息的 GE0/0/1 加入动态 VLAN10 中。SW3 上收到第二个 JoinEmpty 后，因为 GE0/0/1 已经加入动态 VLAN10，所以不作处理。

（4）此后，每当 LeaveAll 定时器超时或收到 LeaveAll 消息，设备会重新启动 LeaveAll 定时器、Join 定时器、Hold 定时器和 Leave 定时器。SW1 的 GE0/0/1 在 Hold 定时器超时之后发送第一个 JoinEmpty 消息，Join 定时器超时后再次启动 Hold 定时器，再等待 Hold 定时器超时后，发送第二个 JoinEmpty 消息，SW2 向 SW3 发送 JoinEmpty 消息的过程也是如此。

通过上述 VLAN 属性的单向注册，SW1 的端口 GE0/0/1、SW2 的端口 GE0/0/1 和 SW3 的端口 GE0/0/1 已经加入 VLAN10，但是 SW2 的端口 GE0/0/2 还没有加入 VLAN10（只有收到 JoinEmpty 消息或 JoinIn 消息的端口才能加入动态 VLAN）。为使 VLAN10 流量可以双向互通，需要进行 SW3 到 SW1 方向的 VLAN 属性的注册，如图 5.7 虚线方向所示。

（1）VLAN 属性的单向注册完成后，在 SW3 上创建静态 VLAN10（将动态 VLAN 转换成静态 VLAN），SW3 的 GE0/0/1 端口启动 Join 定时器和 Hold 定时器，等待 Hold 定时器超时后，SW3 通过 GE0/0/1 端口向外发送第一个 JoinIn 消息（因为 SW3 的 GE0/0/1 端口已经注册了 VLAN10，所以发送 JoinIn 消息），Join 定时器超时后再次启动 Hold 定时器，Hold 定时器超时之后，发送第二个 JoinIn 消息。

（2）SW2 从端口 GE0/0/2 上接收到第一个 JoinIn 后，把接收到 JoinIn 消息的 GE0/0/2 端口加入动态 VLAN10 中，同时告知 SW2 的 GE0/0/1 端口启动 Join 定时器和 Hold 定时器,等待 Hold 定时器超时后,向外发送第一个 JoinIn 消息,Join 定时器超时后再次启动 Hold 定时器,Hold 定时器超时之后,发送第二个 JoinIn 消息;SW2 收到第二个 JoinIn 后,因为端口 GE0/0/2 已经加入动态 VLAN10,所以不作处理。

(3)SW1 从端口 GE0/0/1 接收到 JoinIn 之后,将停止向 SW2 发送 JoinEmpty 消息。此后,当 LeaveAll 定时器超时或收到 LeaveAll 消息,设备重新启动 LeaveAll 定时器、Join 定时器、Hold 定时器和 Leave 定时器。SW1 的端口 GE0/0/1 在 Hold 定时器超时之后就开始发送 JoinIn 消息。

(4)SW2 向 SW3 发送 JoinIn 消息。

(5)SW3 收到 JoinIn 消息后,由于本身已经创建静态 VLAN10,所以不会再创建动态 VLAN10。

5.5.3　GVRP 注销

当网络中的 VLAN 数量需要减少的时候,我们也可以通过 GVRP 的注销功能,让端口退出 VLAN。具体的注销流程与注册流程类似。如图 5.8 所示,当设备上不再需要 VLAN10 时,可以通过 VLAN 属性的注销过程将 VLAN10 从设备上删除,如图 5.8 实线方向所示。

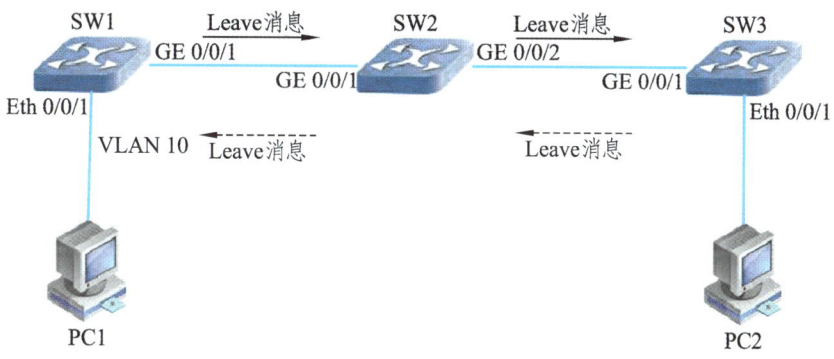

图 5.8　VLAN 属性的注销

(1)在 SW1 上删除静态 VLAN10,SW1 的端口 GE0/0/1 启动 Hold 定时器,等待 Hold 定时器超时后,SW1 向 SW2 发送 LeaveEmpty 消息。LeaveEmpty 消息只需发送一次。

(2)SW2 从端口 GE0/0/1 上接收到 LeaveEmpty,SW2 的端口 GE0/0/1 启动 Leave 定时器,等待 Leave 定时器超时之后端口 GE0/0/1 注销 VLAN10,将端口 GE0/0/1 从动态 VLAN10 中删除(此时,VLAN10 中还存在端口 GE0/0/2,所以不会删除 VLAN10),同时告知端口 GE0/0/2 启动 Hold 定时器和 Leave 定时器,等待 Hold 定时器超时后,向 SW3 发送 LeaveIn 消息。由于 SW3 的静态 VLAN10 还没有删除,SW2 的端口 GE0/0/2 在 Leave 定时器超时之前仍然能够收到 SW3 的端口 GE0/0/1 发送的 JoinIn 消息,所以 SW1 和 SW2 上仍然能够学习到动态的 VLAN10。

（3）SW3 上接收到 LeaveIn 后，由于 SW3 上存在静态 VLAN10，所以 SW3 的端口 GE0/0/1 不会从 VLAN10 中删除。

通过前面的流程，只有 SW2 的端口 GE0/0/1 从动态 VLAN10 中注销，其余端口中 SW3 的端口 GE0/0/1 还存在静态 VLAN10，SW1 的端口 GE0/0/1 和 SW2 的端口 GE0/0/2 依然没有从动态 VLAN10 中注销。因此，还需要进行双向注销，如图 5.8 虚线方向所示。

（1）在 SW3 上删除静态 VLAN10，SW3 的端口 GE0/0/1 启动 Hold 定时器，等待 Hold 定时器超时后，SW3 向 SW2 发送 LeaveEmpty 消息。

（2）SW2 接收到 LeaveEmpty 消息后，SW2 的 GE0/0/2 启动 Leave 定时器，等待 Leave 定时器超时之后端口 GE0/0/2 注销 VLAN10，将端口 GE0/0/2 从动态 VLAN10 中删除并删除动态 VLAN10，同时告知端口 GE0/0/1 启动 Hold 定时器，等待 Hold 定时器超时后，向 SW1 发送 LeaveEmpty 消息。

（3）SW1 接收到 LeaveEmpty 消息后，SW1 的端口 GE0/0/1 启动 Leave 定时器，等待 Leave 定时器超时之后端口 GE0/0/1 注销 VLAN10，将端口 GE0/0/1 从动态 VLAN10 中删除并删除动态 VLAN10。

至此，整个 VLAN10 在网络中注销完毕。

5.5.4　GVRP 配置示例

某公司两个部门之间有较多的交换设备相连，需要通过 GVRP 功能，实现 VLAN 的动态注册。该公司的部门 A 通过交换机 SW1 连接到公司网络，部门 B 通过交换机 SW3 连接到公司网络。

1. 配置思路

（1）每台交换机配置全局使能 GVRP 功能，实现 VLAN 的动态注册。

（2）在连接两个部门的交换机 SW1 和 SW3 上配置静态 VLAN 10。

（3）交换机之间的连接端口配置成 Trunk 端口，允许所有 VLAN 通过，并且在该端口下使能 GVRP 功能。

2. 拓扑图规划

网络拓扑图如图 5.9 所示。

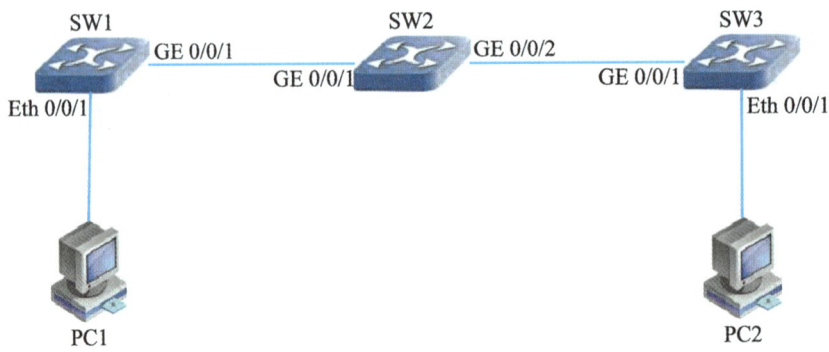

图 5.9　网络拓扑图

3. 数据规划

根据拓扑图和需求分析，完成网络数据的规划，见表 5.4。

表 5.4 数据规划

本端					对端			
设备名称	IP 地址	端口	端口类型	VID	设备名称	端口	端口类型	VID
PC1	192.168.0.1/24				SW1	Eth 0/0/1	Access	10
PC2	192.168.0.2/24				SW1	Eth 0/0/2	Access	10
SW1		GE 0/0/1	Trunk	GVRP	SW2	GE 0/0/2	Trunk	GVRP
SW2		GE 0/0/2	Trunk	GVRP	SW3	GE 0/0/1	Trunk	GVRP

4. 配置步骤

（1）SW1 的数据配置步骤：

步骤一：在 SW1 上全局使能 GVRP 功能（命令：gvrp），执行命令如下：

```
<Huawei>system-view
[Huawei]sysname SW1
[SW1]gvrp                        //全局使能 GVRP 功能
```

步骤二：在 SW1 创建 VLAN，并配置 Access 端口，执行命令如下：

```
[SW1]vlan 10                                     //创建 VLAN 10
[SW1-vlan10]quit                                 //返回系统视图
[SW1]interface Ethernet0/0/1                     //进入接口视图
[SW1-Ethernet0/0/1]port link-type access         //配置端口属性为 Access 端口
[SW1-Ethernet0/0/1]port default vlan 10          //配置默认 VLAN
```

步骤三：配置 Trunk 端口，并在端口上使能 GVRP 功能（命令：gvrp），执行命令如下：

```
[SW1]interface GigabitEthernet 0/0/1
[SW1-GigabitEthernet0/0/1]port link-type trunk
[SW1-GigabitEthernet0/0/1]port trunk allow-pass vlan all
[SW1-GigabitEthernet0/0/1]gvrp                   //在端口使能 GVRP 功能
```

（2）SW2 的数据配置步骤：

步骤一：在 SW2 上全局使能 GVRP 功能（命令：gvrp），执行命令如下：

```
<Huawei>system-view
[Huawei]sysname SW2
[SW2]gvrp                        //全局使能 GVRP 功能
```

步骤二：配置 Trunk 端口，并在端口上使能 GVRP 功能（命令：gvrp），执行命令如下：

```
[SW2]interface GigabitEthernet 0/0/1
[SW2-GigabitEthernet0/0/1]port link-type trunk
[SW2-GigabitEthernet0/0/1]port trunk allow-pass vlan all
[SW2-GigabitEthernet0/0/1]gvrp                       //在端口使能 GVRP 功能
[SW2-GigabitEthernet0/0/1]interface GigabitEthernet 0/0/2
[SW2-GigabitEthernet0/0/2]port link-type trunk
[SW2-GigabitEthernet0/0/2]port trunk allow-pass vlan all
[SW2-GigabitEthernet0/0/2]gvrp                       //在端口使能 GVRP 功能
```

（3）SW3 的数据配置步骤：

参照 SW1 的数据配置步骤，完成 SW3 的数据配置，具体命令如下：

```
<Huawei>system-view
[Huawei]sysname SW3
[SW3]vlan 10                                         //创建 VLAN 10
[SW3-vlan10]quit                                     //返回系统视图
[SW3]interface Ethernet0/0/1                         //进入接口视图
[SW3-Ethernet0/0/1]port link-type access             //配置端口属性为 Access 端口
[SW3-Ethernet0/0/1]port default vlan 10              //配置默认 VLAN
[SW3-Ethernet0/0/1]interface GigabitEthernet 0/0/1
[SW3-GigabitEthernet0/0/1]port link-type trunk
[SW3-GigabitEthernet0/0/1]port trunk allow-pass vlan all
[SW3-GigabitEthernet0/0/1]gvrp                       //在端口使能 GVRP 功能
```

5. 查询配置结果：

使用命令 display gvrp statistics 查看端口的 GVRP 统计信息。

SW2 端口的 GVRP 统计信息：

```
<SW2>dis gvrp statistics
  GVRP statistics on port GigabitEthernet0/0/1
    GVRP status                  :Enabled         //端口的 GVRP 状态为使能状态
    GVRP registrations failed    : 0              //GVRP 注册失败次数
    GVRP last PDU origin         :4c1f-cccb-6690  //上一个 GVRP 数据单元源 MAC 地址
    GVRP registration type       : Normal         //接口 GVRP 注册类型
  GVRP statistics on port GigabitEthernet0/0/2
    GVRP status                  : Enabled
    GVRP registrations failed    : 0
    GVRP last PDU origin         : 4c1f-cc63-64ee
    GVRP registration type       : Normal
<SW2>
```

6. 常用命令汇总

VLAN 配置中常用命令见表 5.5。

表 5.5 常用命令

命令名称	命令	说明
使用 GVRP 功能 （必选）	gvrp	在交换机的全局和端口都需要配置
配置 GVRP 接口注册模式 （可选）	gvrp registration { fixed | forbidden | normal }	Normal 模式：允许该接口动态注册、注销 VLAN，传播动态 VLAN 及静态 VLAN 信息。 Fixed 模式：禁止该接口动态注册、注销 VLAN，只传播静态 VLAN 信息，不传播动态 VLAN 信息，也就是说被设置为 Fixed 模式的 Trunk 接口，即使允许所有 VLAN 通过，但实际通过的 VLAN 也只能是手动创建的那部分。 Forbidden 模式：禁止该接口动态注册、注销 VLAN，不传播除 VLAN1 以外的任何的 VLAN 信息，也就是说，被配置为 Forbidden 模式的 Trunk 接口，即使允许所有 VLAN 通过，但实际通过的 VLAN 也只能是 VLAN1
查看端口的 GVRP 统计信息 （可选）	display gvrp statistics [interface { interface-type interface-number [to interface-type interface-number] }&<1-10>]	
查看全局 GVRP 的开启或关闭状态信息（可选）	display gvrp status	

项目 6　链路聚合

6.1　链路聚合概述

在现代计算机网络中，数据传输的速度和可靠性是衡量网络性能的关键指标。随着网络规模的不断扩大和数据流量的持续增长，传统的单一物理链路已经难以满足日益增长的带宽需求。为了解决这一问题，链路聚合技术应运而生，它允许将多个物理链路组合成一个单一的逻辑链路，从而提高网络的带宽和冗余性。

链路聚合，又称端口聚合、链路捆绑或端口捆绑，是一种将多个以太网物理链路合并为一条逻辑通道的技术，如图 6.1 所示。通过这种方式，链路聚合不仅能够增加链路的带宽，还能够在链路之间提供负载均衡和故障转移能力，从而增强网络的稳定性和可靠性。

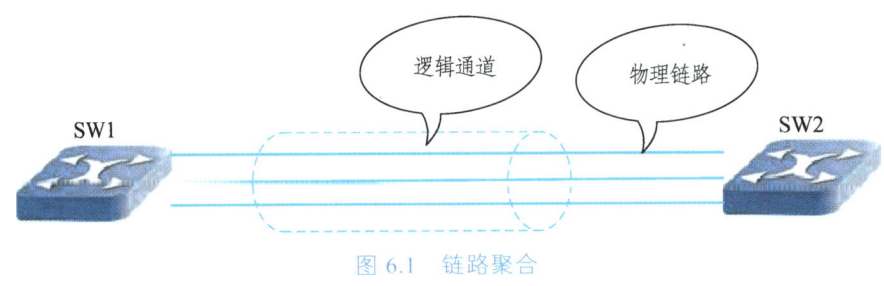

图 6.1　链路聚合

链路聚合在数据链路层上实现，部署链路聚合的主要目的有以下几点。

1. 增加带宽

链路聚合可以将多个物理链路合并为一个逻辑链路，从而显著增加网络的总带宽。这对于需要高带宽的应用程序，如视频会议、大型数据传输和云计算服务，尤其重要。通过链路聚合，网络管理员可以轻松地将多个低速链路升级为一个高速链路，满足不断增长的带宽需求。

2. 提高网络的可靠性

链路聚合提供了一种有效的冗余机制，当链路中的一条或多条链路发生故障时，其他链路可以继续工作，从而保证网络的连续性和稳定性。这种冗余性对于关键业务应用和数据中心尤为重要，因为它们需要高可靠性来保证服务的不间断。

3. 负载均衡

链路聚合允许网络流量在多个链路之间分配，这有助于平衡负载，防止单个链路过载。通过智能地分配流量，链路聚合可以提高网络的整体性能和效率，尤其是在多用户环境中。

4. 简化网络管理

通过将多个物理链路捆绑在一起，链路聚合简化了网络管理。网络管理员可以将多个物理设备视为一个单一的逻辑设备进行管理，这减少了配置的复杂性，提高了网络的可维护性。

6.2 链路聚合的基本原理

6.2.1 链路聚合模式

根据是否启用链路聚合控制协议，链路聚合分为手工负载分担模式和 LACP 模式。这两种模式中，LACP 模式实现起来会增加设备本身的复杂度，但它的自动化程度更高，可以避免一些人为的错误。

1. 手工负载分担模式

手工负载分担模式下，Eth-Trunk（以太网链路聚合）的建立、成员接口的加入由手工配置，没有链路聚合控制协议 LACP 的参与。该模式下所有活动链路都参与数据的转发，平均分担流量。如果某条活动链路故障，链路聚合组自动在剩余的活动链路中平均分担流量。

当需要在两个直连设备之间提供一个较大的链路带宽，而其中一端或两端设备都不支持 LACP 协议时，可以配置手工负载分担模式链路聚合。

2. LACP 模式

LACP 模式是采用 LACP 协议的一种链路聚合模式，设备间通过链路聚合控制协议数据单元（LACPDU）进行交互，通过协议协商确保对端是同一台设备、同一个聚合接口的成员接口。LACPDU 报文中包含设备优先级、MAC 地址、接口优先级和接口号等系统优先级相关信息。LACP 模式下，两端设备所选择的活动接口数目必须保持一致，否则链路聚合组就无法建立，此时可以使其中一端成为主动端，另一端（被动端）根据主动端选择活动接口。

6.2.2 链路聚合控制协议（LACP）

LACP（Link Aggregation Control Protocol）是基于 IEEE802.3ad 标准的一种实现链路动态聚合与解聚合的协议，以供设备根据自身配置自动形成聚合链路并启动聚合链路收发数据。

LACP 通过在链路两端的设备之间交换控制信息来工作。这些控制信息封装在特殊的以太网帧中，称为 LACP 数据单元（LACPDU）。LACPDU 包含设备的系统优先级、MAC 地址、接口优先级、接口号和操作 Key 等信息。

LACP 模式 Eth-Trunk 建立的过程如下：

（1）在 LACP 模式下的 Eth-Trunk 中加入成员接口后，两端互相发送 LACPDU 报文。如图 6.2 所示，在 SW1 和 SW2 上创建 Eth-Trunk 并配置为 LACP 模式，然后向 Eth-Trunk 中手工加入成员接口。此时，成员接口便启用了 LACP 协议，两端会互发 LACPDU 报文。

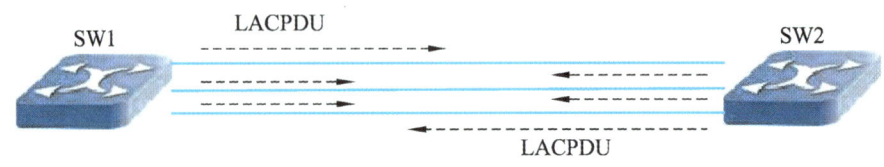

图 6.2 LACP 模式链路聚合互发 LACPDU

（2）如图 6.3 所示，两端的设备均会收到对端发来的 LACPDU 报文。以 SW2 为例，当 SW2 收到 SW1 发送的报文时，SW2 会查看并记录对端信息，然后比较系统优先级字段，如果 SW1 的系统优先级高于本端的系统优先级，则确定 SW1 为 LACP 主动端。如果 SW1 和 SW2 的系统优先级相同，则比较两端设备的 MAC 地址，MAC 地址小的一端为 LACP 主动端。

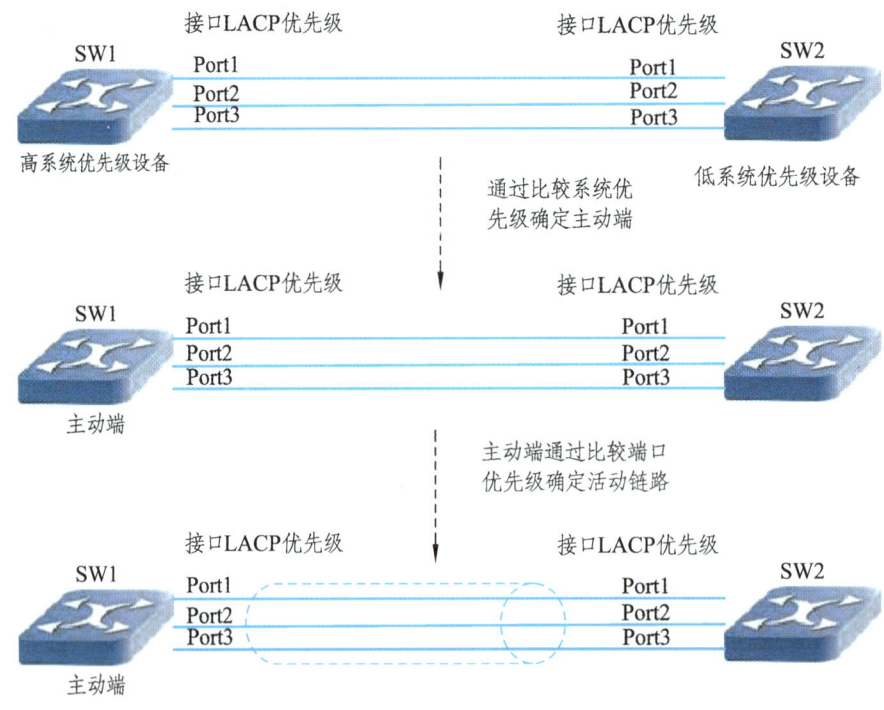

图 6.3 LACP 模式确定主动端和活动链路的过程

选出主动端后，如图 6.3 所示，两端都会以主动端 SW1 的接口优先级来选择活动接口，如果主动端的接口优先级都相同，则选择接口编号比较小的为活动接口。两端设备选择了一致的活动接口，活动链路组便可以建立起来，在这些活动链路中以负载分担的方式转发数据。

假如图 6.3 中 SW1 的活动接口数上限阈值为 2，Port1、Port2、Port3 的优先级分别是 10、20、30。当通过 LACP 协议协商完毕后，接口 Port1 和 Port2 因为优先级较高被选作活动接口，Port3 将成为备份接口，在这些活动链路中以负载分担的方式转发数据。

6.2.3 链路聚合建立的基本要求

链路聚合要求加入聚合组的物理链路在一些基本参数上保持一致，以确保链路能够正常工作并实现预期的负载均衡和冗余效果。以下是一些必须保持一致的关键参数。

（1）速率：所有聚合的链路必须以相同的速率运行，如都是 1 Gb/s 或 10 Gb/s。

（2）双工模式：所有链路必须是全双工（Full-duplex）或半双工（Half-duplex）模式，不能混用。

（3）链路类型：所有链路必须是相同类型的链路，如都是以太网链路。

（4）聚合组 ID：在支持 LACP 的设备上，所有希望聚合在一起的链路必须分配相同的聚合组 ID。

（5）端口优先级：端口优先级用于确定链路聚合中端口的选择顺序，所有端口必须有明确的优先级设置。

（6）VLAN 配置：如果链路聚合用于承载 VLAN 流量，所有链路必须配置相同的 VLAN 信息，以确保流量正确传输。

（7）MTU：最大传输单元必须一致，以避免在不同链路上发生分片或组装问题。

（8）链路状态：所有链路必须处于活动状态，不能有链路是故障或禁用状态。

（9）物理连接：所有链路必须连接到相同对端设备的端口，以确保链路聚合的正确性。

（10）配置模式：所有链路必须配置为相同的操作模式，即所有链路要么都是 LACP 主动模式，要么都是被动模式。

（11）STP 配置：包括端口的 STP 使能/去使能、与端口相连的链路属性、STP 优先级、报文发送速率限制、路径开销等参数。

（12）安全和访问控制：如果链路聚合用于传输敏感数据，所有链路必须应用相同的安全策略和访问控制。

6.3 配置示例

某公司有两层办公楼，每层楼安装有一台二层交换机，两台交换机通过网线连接在一起。一楼交换机连接有 PC1 和 PC2，二楼交换机连接有 PC3 和 PC4。其中，PC1 和 PC3 同属于公司的业务部，PC2 和 PC4 同属于公司的研发部。为阻断不同部门之间的二层通信，需要将两个部门划分到两个不同的 VLAN 中。由于数据量的增加，同时为了提高网络的可靠性，计划在两台交换机之间使用 3 根网线，通过链路聚合的方式进行连接。

1. 配置思路

（1）交换机之间采用链路聚合的方式进行连接，需要创建一个 Eth-Trunk 接口并加入成员接口。

（2）两台交换机都存在两个部门，需要创建两个不同的 VLAN，并将 Eth-Trunk 接口加入 VLAN 中。

（3）为提高可靠性，配置链路聚合模式为 LACP 方式。

2. 拓扑图规划

根据网络需求规划网络拓扑图，如图 6.4 所示。

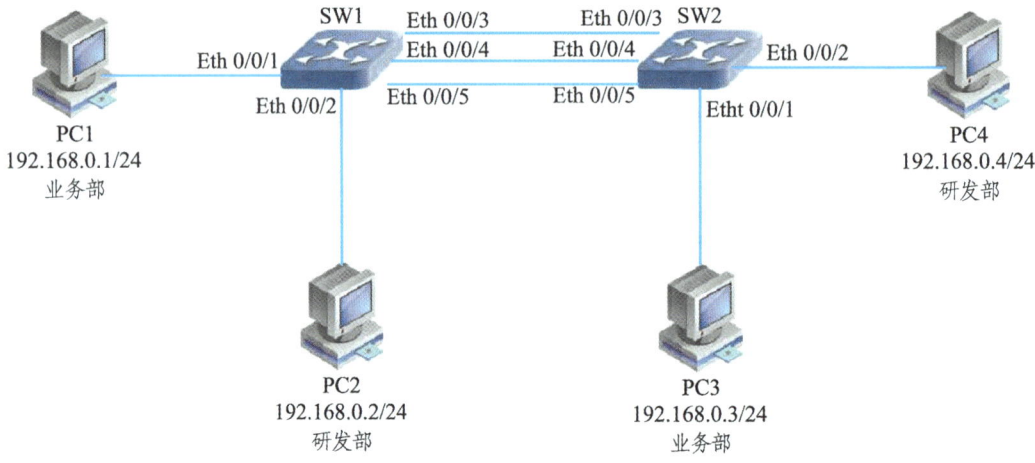

图 6.4 网络拓扑图

3. 数据规划

根据网络拓扑图和需求分析，完成网络数据的规划，见表 6.1。

表 6.1 数据规划

本端					对端				备注
设备名称	IP 地址	端口	端口类型	VID	设备名称	端口	端口类型	VID	
PC1	192.168.0.1/24				Swich A	Eth 0/0/1	Access	10	
PC2	192.168.0.2/24				Swich A	Eth 0/0/2	Access	20	
PC3	192.168.0.3/24				Swich B	Eth 0/0/1	Access	10	
PC4	192.168.0.4/24				Swich B	Eth 0/0/2	Access	20	
Swich A		Eth 0/0/3	Trunk	10/20	Swich B	Eth 0/0/3	Trunk	10/20	链路聚合
Swich A		Eth 0/0/4	Trunk	10/20	Swich B	Eth 0/0/4	Trunk	10/20	链路聚合
Swich A		Eth 0/0/5	Trunk	10/20	Swich B	Eth 0/0/5	Trunk	10/20	链路聚合

4. 配置步骤

（1）SW1 的数据配置步骤：

步骤一：在 SW1 上完成 Access 接口的数据配置，执行命令如下：

```
<Huawei>system-view
[Huawei]sysname SW1
[SW1]vlan batch 10 20                        //创建两个不同的 VLAN
[SW1]interface Etherne0/0/1                  //配置 Etherne0/0/1 接口的 VLAN
[SW1-Ethernet0/0/1]port link-type access
[SW1-Ethernet0/0/1]port default vlan 10
[SW1-Ethernet0/0/1]interface Ethernet0/0/2   //配置 Etherne0/0/2 接口的 VLAN
[SW1-Ethernet0/0/2]port link-type access
[SW1-Ethernet0/0/2]port default vlan 20
```

步骤二：在 SW1 创建 Eth-Trunk 接口，并将物理接口加入 Eth-Trunk 接口中。执行命令如下：

```
[SW1]interface Eth-Trunk 1                      //创建 Eth-Trunk 接口
[SW1-Eth-Trunk1]trunkport Ethernet 0/0/3        //将接口物理接口加入 Eth-Trunk 接口
[SW1-Eth-Trunk1]trunkport Ethernet 0/0/4
[SW1-Eth-Trunk1]trunkport Ethernet 0/0/5
```

📖 配置说明

①同一个 Eth-Trunk 端口的物理端口须是同一类型的端口，并且其属性需要保持完全一致（如 VLAN 属性、双工模式）。

②如果需要将不同速率端口加入同一 Eth-Trunk 接口，执行命令 mixed-rate link enable，使能允许不同速率端口加入同一 Eth-Trunk 接口的功能。

③一个以太网接口只能加入一个 Eth-Trunk 接口，如果需要加入其他 Eth-Trunk 接口，必须先退出原来的 Eth-Trunk 接口。

④当成员接口加入 Eth-Trunk 后，学习 MAC 地址或 ARP 地址时是按照 Eth-Trunk 来学习的，而不是按照成员接口来学习。

⑤也可在成员的接口模式下，执行命令 eth-trunk trunk-id [mode { active | passive }]，将当前接口加入 Eth-Trunk 接口。

步骤三：配置链路聚合模式（命令：mode{lacp/manual load-balance}），执行命令如下：

```
[SW1-Eth-Trunk1]mode lacp-static        //配置链路聚合模式为 LACP 模式（可选）
```

📖 配置说明

① "lacp-static"表示工作模式为 LACP 模式。

② "manual load-balance"表示工作模式为手工负载分担模式。

③工作模式在两端的设备上必须保持一致，即如果本端配置为 LACP 模式，那么对端设备也必须要配置为 LACP 模式。

④在 Eth-Trunk 端口添加成员端口前必须先配置好 Eth-Trunk 端口的工作模式。

⑤LACP 模式会通过交换机之间交换 LACP 协议帧的方式进行自动协商，从而很容易找到链路故障；而手工负载分担模式不会自动检查交换机之间的链路故障。

⑥缺省模式下 Eth-Trunk 端口的工作模式为手工负载分担模式。

步骤四：配置二层链路的连通性，执行命令如下：

```
[SW1-Eth-Trunk1]port link-type trunk
[SW1-Eth-Trunk1]port trunk allow-pass vlan 10 20
```

（2）SW2 的数据配置步骤：

步骤一：参照 SW1 完成 SW2 的数据配置，执行命令如下：

```
<Huawei>system-view
[Huawei]sysname SW2
[SW2]vlan batch 10 20
[SW2]interface Ethernet0/0/1
[SW2-Ethernet0/0/1]port link-type access
[SW2-Ethernet0/0/1]port default vlan 10
[SW2-Ethernet0/0/1]interface Ethernet0/0/2
[SW2-Ethernet0/0/2]port link-type access
[SW2-Ethernet0/0/2]port default vlan 20
[SW2-Ethernet0/0/2]interface Eth-Trunk1
[SW2-Eth-Trunk1]mode lacp-static            //模式需要与对端配置保持一致
[SW2-Eth-Trunk1]trunkport ethernet0/0/3
[SW2-Eth-Trunk1]trunkport ethernet0/0/4
[SW2-Eth-Trunk1]trunkport ethernet0/0/5
[SW2-Eth-Trunk1]port link-type trunk
[SW2-Eth-Trunk1]port trunk allow-pass vlan 10 20
```

5. 查询配置结果

使用命令 display eth-trunk{trunk-id} 查看链路聚合相关信息。

在 SW1 查询结果：

```
[SW1]dis eth-trunk
Eth-Trunk1's state information is:
Local:
LAG ID: 1                              WorkingMode: STATIC
Preempt Delay: Disabled                Hash arithmetic: According to SIP-XOR-DIP
System Priority: 32768                 System ID: 4c1f-cc22-1a25
Least Active-linknumber: 1             Max Active-linknumber: 8
Operate status: up                     Number Of Up Port In Trunk: 3
--------------------------------------------------------------------------------
ActorPortName      Status       PortType  PortPri  PortNo  PortKey  PortState  Weight
Ethernet0/0/3      Selected     100M      32768    4       289      10111100   1
Ethernet0/0/4      Selected     100M      32768    5       289      10111100   1
Ethernet0/0/5      Selected     100M      32768    6       289      10111100   1
Partner:
--------------------------------------------------------------------------------
ActorPortName      SysPri       SystemID           PortPri  PortNo  PortKey  PortState
Ethernet0/0/3      32768        4c1f-cc76-5284     32768    4       289      10111100
Ethernet0/0/4      32768        4c1f-cc76-5284     32768    5       289      10111100
Ethernet0/0/5      32768        4c1f-cc76-5284     32768    6       289      10111100
```

📖 配置说明

①从查询结果可以看到"**Operate status**"是"**up**"状态。

②3 条链路的"**status**"变成了"**Selected**"状态,活动链路已经建立起来。

③能够查询到对端链路的"**System ID**"。

6. 常用命令汇总

VLAN 配置中的常用命令见表 6.2。

表 6.2　常用命令

命令名称	命令	说明
创建 Eth-Trunk 接口	interface eth-trunk {trunk-id}	必选
配置链路聚合模式	mode {lacp/manual load-balance}	可选
将物理端口加入 Eth-Trunk 接口	trunkport {interface-type interface-number}	必选
查看 Eth-Trunk 接口的配置信息	display eth-trunk [trunk-id [interface interface-type interface-number	verbose]]	可选
查看 Eth-Trunk 接口的状态信息	display interface eth-trunk{trunk-id}	可选
查看 Eth-Trunk 的成员接口信息	display trunkmembership eth-trunk {trunk-id}	可选
查看 LACP 模式下的 LACP 报文收发统计信息	display lacp statistics eth-trunk [trunk-id [interface interface-type interface-number]]	可选

项目 7 生成树协议

7.1 网络环路问题

1. 广播风暴

在传统的以太网中,数据包通过广播的形式在网络中传播,如果网络中存在环路,那么数据包将会在环路中不断循环,导致广播风暴,如图 7.1 所示。这不仅会浪费带宽资源,还可能导致网络设备因处理大量无用的数据包而过载,最终导致网络瘫痪。

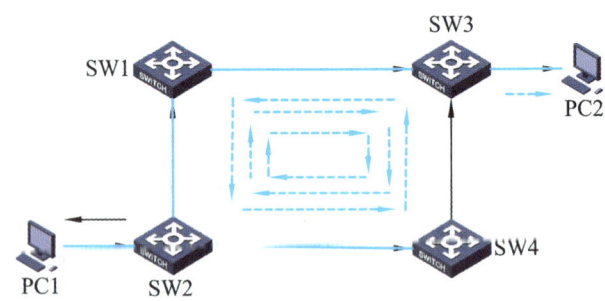

图 7.1 广播风暴

2. MAC 地址不稳定

通常交换机使用自学习算法来构建和更新它们的 MAC 地址表。在只使用交换机组成的二层网络中,如果存在环路,相同的 MAC 地址可能会通过不同的路径多次到达同一个交换机,导致交换机在决定将该 MAC 地址关联到哪个端口时产生冲突,进而影响 MAC 地址表的稳定性。

如图 7.2 所示,当 PC1 发送数据到 PC2 的时候,如果有环路存在,SW3 就可能从 GE0/0/1 和 GE0/0/2 接口分别接收到来自 PC1 的数据帧,这导致在 SW2 的 MAC 地址表出现不稳定情况。

虽然环路在二层组网中会存在各种问题,但是环路可以为网络提供冗余路径,如果主路径发生故障,备用路径可以立即接管,从而减少网络中断的风险。因此,环路是提供网络可靠性的重要手段。

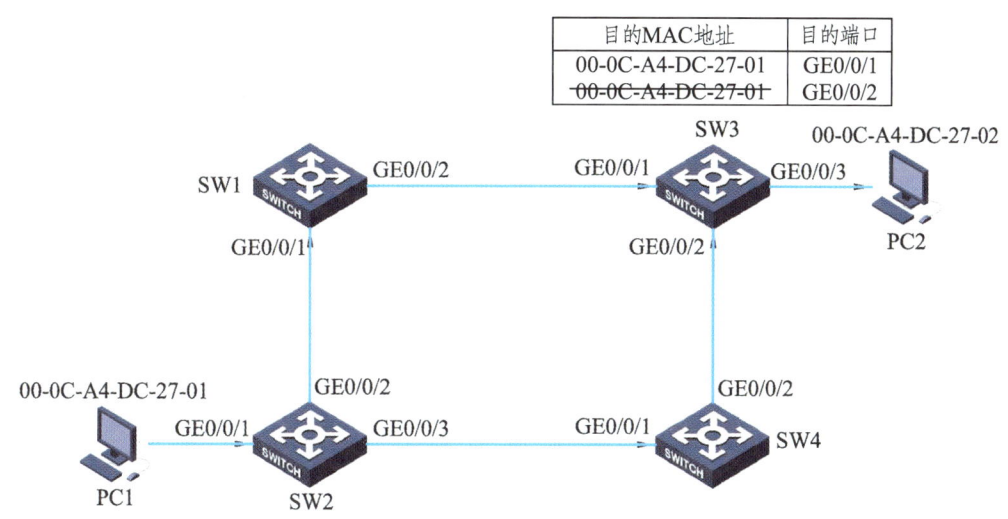

图 7.2　MAC 地址表不稳定

7.2　生成树协议的工作原理

7.2.1　生成树协议的基本概念

生成树协议（STP）是 IEEE 802.1D 标准定义的一种二层环路解决方案，用于在局域网中创建一个无环路的逻辑拓扑，当网络出现故障时，激活备份链路，及时恢复网络连通性。

早期二层网络设备只有两个端口，就像桥一样，因此这种设备被称为"网桥"，后来网桥被增加了更多端口且可隔离冲突域的交换机所取代。但是"网桥"这个概念一直在使用，在很多技术中"桥"可以直接理解成"交换机"。

1. 桥 ID（Bridge ID）

ID 是生成树协议（STP）中用来唯一标识网络中每个桥（交换机）的一个值。在 STP 的选举过程中，桥 ID 起到了决定性作用，用于确定根桥以及非根桥的根端口和指定端口。

桥 ID 由优先级字段加 MAC 地址字段组成。优先级字段是一个可以由网络管理员配置的值，范围为 0~65535。较小的优先级值表示更高的优先级，因此，具有较小优先级的桥更有可能成为根桥。MAC 地址字段是桥的 MAC 地址，用于在优先级相同的情况下区分不同的桥。

2. 根　桥

生成树协议（STP）的核心目标是在局域网（LAN）内构建一个逻辑上无环路的网络拓扑结构。这种结构类似于自然界中的树木，其中一棵大树拥有一个单一的主干，而所有的分支都直接或间接地连接到这个主干上。在这种结构中，不存在两个分支直接相连的情况，从而避免了环路的形成。借鉴这一自然现象，STP 在网络中选定一个桥作为"根桥"（Root Bridge），它相当于树的主干。网络中的所有其他桥都通过逻辑上的连接直接或间接地与根桥相连。这样的设计确保了数据帧在网络中沿着预定义的单一路径流动，而不是在环路中无限循环。

在交换网络中，除根桥以外的其他交换机都称之为非根桥交换机。根桥是 STP 网络中所有桥（交换机）通过比较桥 ID 选举出来的"最佳"桥。它是整个网络的逻辑中心，但不一定是物理中心。

3. 端口开销

端口开销（Port Cost）是生成树协议中用来衡量到达根桥接器路径成本的一个概念。它是 STP 中选举过程的一部分，用于帮助确定网络中的最佳转发路径。端口开销是分配给网络中每个端口的一个数值，用来表示通过该端口到达根桥的成本。端口开销通常基于端口的带宽来计算，较低带宽的端口会有较高的开销值，而较高带宽的端口则有较低的开销值。

4. 根端口

在 STP 中，每个非根桥必须选择一个端口作为根端口，非根桥从该端口到达根桥的路径总开销是最低的。根端口负责转发该交换机上接收到的数据帧，以便它们能够到达网络中的其他部分。在一个运行 STP 协议的交换机上最多只有一个根端口，但根桥上没有根端口。网络管理员可以通过配置端口优先级和端口开销来管理根端口的选择，以满足特定的网络设计和需求。

5. 指定端口

在 STP 中，每个 LAN 段都有一个指定端口（Designated Port），这是该段上被选为转发数据帧的端口。如果一个 LAN 段连接了多个交换机，那么具有最低路径开销到达根桥的端口将被选为该段的指定端口。每个网段有且只能有一个指定端口。一般情况下，根桥的每个端口总是指定端口。网络管理员可以通过配置端口优先级和端口开销来管理指定端口的选择，以满足特定的网络设计和需求。

6. 预备端口

如果一个端口既不是指定端口也不是根端口，则此端口为预备端口。预备端口将被阻塞，不转发数据帧。这些端口为网络提供了冗余，以便在网络出现故障时迅速接管数据转发任务。

7. 网桥协议数据单元

网桥协议数据单元（Bridge Protocol Data Unit，BPDU）用于在网络中的交换机之间传递关于网络拓扑结构的信息。这些信息包括发送者的桥 ID、端口 ID、根桥 ID，以及其他用于 STP 计算的参数。交换机利用这些信息进行 STP 的根交换机、根端口等的选举。

7.2.2 选 举

在生成树协议中，根桥、根端口、指定端口、预备端口各自的作用不一样，认定的方法也不一样。

1. 根桥选举

在 STP 网络中的每个交换机都拥有一个唯一的桥 ID（BID），由 16 位的桥优先级和 48 位的唯一 MAC 地址组合而成。桥优先级是一个可配置的值，其取值范围为 0～65535，其中 0 表示最高优先级，而默认值通常设定为 32768。

根桥的选举过程基于桥 ID 的比较。在网络启动或拓扑变化时，所有交换机初始时都假定自己为根桥，并且它们的所有端口都处于指定端口状态，允许 BPDU 报文通过这些端口进行转发。

随着 BPDU 报文在网络中的传播，每台交换机会接收来自其他交换机的 BPDU，并比较报文中的根桥 ID 与自己的桥 ID。如果某台交换机收到的 BPDU 报文中声明的根桥 ID 具有更高的优先级（即数值更小），该交换机会更新自己的 BPDU 报文，接收新的根桥信息，并开始向外传播这一更新。

如图 7.3 所示，SW1 和 SW2 的优先级是 32768，S 假设 SW1 和 SW2 的桥优先级都是默认值 32768，而 SW3 的桥优先级被配置为 4096，这意味着 SW3 的优先级更高，因此 SW3 会被选举为根桥。如果 SW3 的优先级后来被修改为 32768，与 SW1 和 SW2 相同，那么就需要通过比较它们的 MAC 地址来决定根桥。在这种情况下，由于 SW1 拥有三者中最小的 MAC 地址，SW1 将被选举为根桥接器。

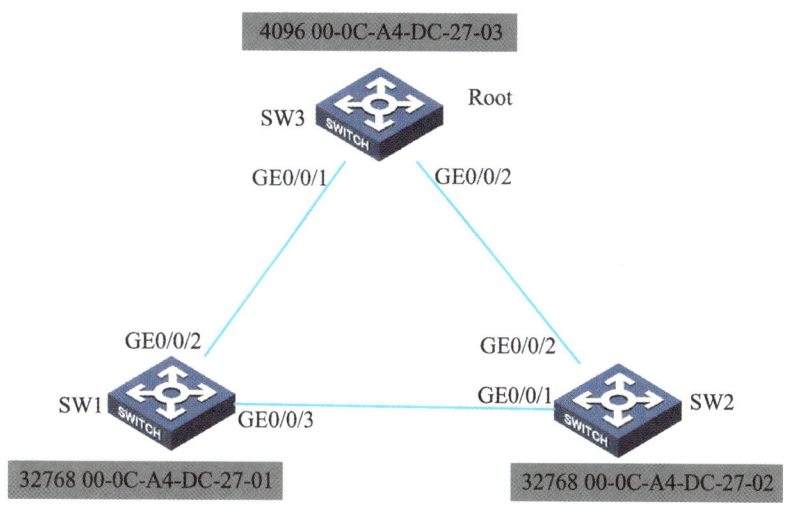

图 7.3 根桥的选举

2. 根端口选举

非根桥交换机在选举根端口时分别依据该端口的根路径开销、对端 BID（Bridge ID）、对端 PID（Port ID）和本端 PID。

交换机的每个端口都有一个端口开销（Port Cost）参数，此参数表示该端口发送数据时的开销值,即出端口的开销。STP 认为从一个端口接收数据是没有开销的。端口的开销和端口的带宽有关,带宽越高,开销越小,见表 7.1。从一个非根桥到达根桥的路径可能有多条,每一条路径都有一个总的开销值,此开销值是该路径上所有出端口的端口开销总和,即根路径开销 RPC(Root Path Cost)。非根桥根据根路径开销来确定到达根桥的最短路径,并生成无环树状网络。根桥的根路径开销是 0。

表 7.1 接口速率与 cost 值对应表

链路速率	默认值	推荐取值范围
10 Mb/s	2000	200~2000
100 Mb/s	200	20~2000
1 Gb/s	20	2~200
10 Gb/s	2	2~20
10 Gb/s 以上	1	1~2

运行 STP 交换机的每个端口都有一个端口 ID,端口 ID 由端口优先级和端口号构成。端口优先级取值范围为 0~240,步长为 16,即取值必须为 16 的整数倍。缺省情况下,端口优先级是 128。端口 ID(port ID)可以用来确定端口角色。

每个非根桥都要选举一个根端口。根端口是距离根桥最近的端口,这个最近的衡量标准是靠累计根路径开销来判定的,即累计根路径开销最小的端口就是根端口。端口收到一个 BPDU 报文后,抽取该 BPDU 报文中累计根路径开销字段的值,加上该端口本身的路径开销即为累计根路径开销。如果有两个或两个以上的端口计算得到的累计根路径开销相同,那么选择收到发送者 BID 最小的那个端口作为根端口。如果两个或两个以上的端口连接到同一台交换机上,则选择发送者 PID 最小的那个端口作为根端口。如果两个或两个以上的端口通过 Hub 连接到同一台交换机的同一个接口上,则选择本交换机的这些端口中 PID 最小的作为根端口。

如图 7.4 所示,SW3 是根桥,对于 SW1,从 GE0/0/2 接收到的 RPC=0,从 GE0/0/3 接收到的 RPC=1000,通过选举 GE0/0/2 成为根端口。同样的通过选举 SW2 的根端口是 GE0/0/2。

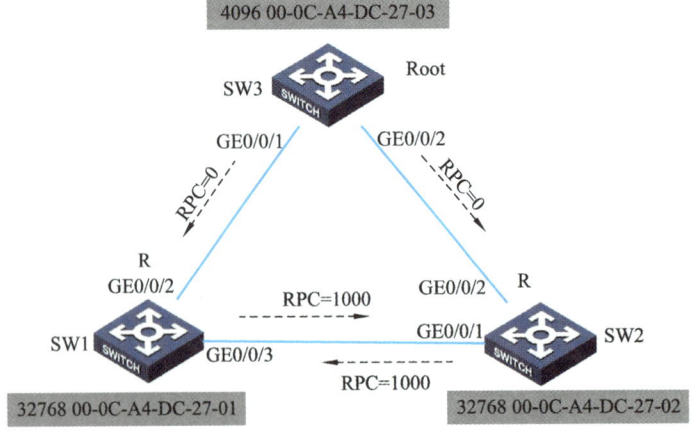

图 7.4 根端口选举

3. 指定端口选举

一个非根桥距离根桥最近的端口是根端口，同样地，在网段上到达根桥最近的端口就是该网段的指定端口。每个网段都应该有一个指定端口，根桥的所有端口都是指定端口（除非根桥在物理上存在环路）。

与根端口相同，指定端口的选举也是首先比较累计根路径开销，累计根路径开销最小的端口就是指定端口。如果累计根路径开销相同，则比较端口所在交换机的桥 ID，所在桥 ID 最小的端口被选举为指定端口。如果通过累计根路径开销和所在桥 ID 选举不出来，则比较端口 ID，端口 ID 最小的被选举为指定端口。

在网络收敛后，只有指定端口和根端口是可以转发数据的。其他端口为预备端口，将被阻塞，不能转发数据，只能够从所连网段的指定交换机接收到 BPDU 报文，并以此来监视链路的状态。

如图 7.5 所示，SW3 因为是根桥，所以 SW1 的两个端口都是各自网段的指定端口。而 SW1 和 SW2 之间的网段由于 RPC 相同，所以比较桥 ID，SW1 的桥 ID 更小，SW1 的 GE0/0/3 端口成为该网段的指定端口。SW2 的 GE0/0/1 既不是根端口，也不是指定端口，所以是备用端口，在网络收敛后会被逻辑阻塞。

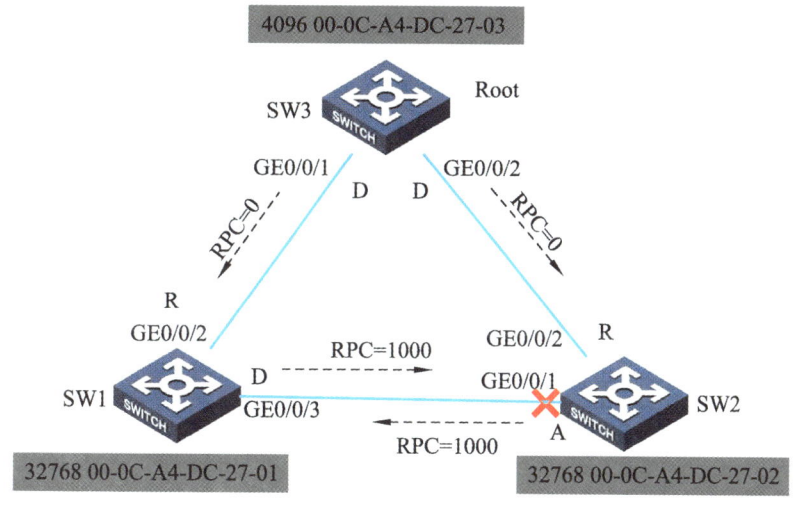

图 7.5　指定端口选举

7.2.3　BPDU 报文

STP 协议帧由 STP 交换机产生、发送、接收、处理。STP 协议帧是一种组播帧，组播地址是 01-80-c2-00-00-00。

STP 协议帧采用了 IEEE802.3 封装格式，其负载数据称为 BPDU。STP 交换机之间需要交换的相关信息和参数都被封装在 BPDU 报文中。

在 STP 计算、根端口、根桥、指定端口选举的过程中，都会依赖在交换机之间传递的 BPDU 报文中的信息和参数。BPDU 报文包含桥 ID、路径开销、端口 ID、计时器等参数，见表 7.2。

表 7.2　BPDU 的格式

参数名称	长度	说明
PID（Protocol Identifier）	2 B	取值 0x0000
PVI（Protocol Version Identifler）	1 B	取值 0x00
BPDU Type	1 B	BPDU 类型： 0x00：配置 BPDU 报文； 0x80：拓扑改变通知 BPDU 报文
Flags	1 B	网络拓扑变化标志（仅使用了最低位和最高位）： 0x00 表示拓扑改变标志； 0x80 表示拓扑改变确认标志
Root ID	8 B	当前根桥交换机的 BID
Root Path Cost	4 B	发送该 BPDU 报文的端口的 RPC
Bridge ID	8 B	发送该 BPDU 报文的交换机的 BID
Port ID	2 B	发送该 BPDU 报文的端口的 PID
Message Age	2 B	该 BPDU 消息的年龄： 如果配置 BPDU 是从根桥发出的，则 Message Age 为 0；否则，Message Age 是从根桥发送到当前桥接收到 BPDU 的总时间，包括传输时延等。在实际的运行中配置 BPDU 每经过一个交换机 Message Age 加 1
Max Age	2 B	BPDU 的最大生命周期，缺省为 20 s
Hello Time	2 B	根桥发送配置 BPDU 的周期，也相应地成为了其他交换机发送配置 BPDU 的周期，缺省为 2 s
Forward Delay	2 B	控制端口 Listening 和 Learning 状态的持续时间，缺省为 15 s

BPDU 报文分为配置 BPDU（Configuration BPDU）和 TCN BPDU（Topology Change Notification BPDU）两种类型。

1. 配置 BPDU

在 STP 协议启动过程中，各 STP 交换机会周期性（缺省为 2 s）地主动产生并发送配置 BPDU。在 STP 协议稳定后，只有根桥才会周期性（缺省为 2 s）地主动产生并发送配置 BPDU。其余非根桥会从自己的根端口接收到配置 BPDU，同时被触发而产生自己的配置 BPDU，且从自己的指定端口发送出去。

配置 BPDU 中携带的参数可以分为三类：第一类是 BPDU 对自身的标识，包括协议标识、版本号、BPDU 类型和 Flags；第二类是用于进行 STP 计算的参数，包括发送该 BPDU 的交换机的 BID、当前根桥的 BID、发送该 BPDU 的端口的 PID 及发送该

BPDU 的端口的 RPC；第三类是时间参数，分别是 Hello Time、Forward Delay、Message Age、Max Age。

2. TCN BPDU

TCN BPDU 的主要作用是在网络拓扑发生变化时，快速通知根桥及其他网桥关于这一变化，以便它们可以迅速做出反应并重新计算生成树，从而维持网络的稳定性和效率。与配置 BPDU 报文相比，TCN BPDU 的结构和内容非常简单，它只包含 3 个字段：协议标识、版本号和类型，其中类型字段的值是 0x80。

如图 7.6（a）所示，在网络中如果某条链路发生了故障，导致工作拓扑发生了改变，则位于故障点的交换机可以通过端口状态感知到这种变化，但是其他交换机是不知道该处发生了故障。这时，位于故障点的交换机会以 Hello Time 为周期通过其根端口不断向上游交换机发送 TCN BPDU。上游设备接收到下游设备发来的 TCN BPDU 报文后，只有指定端口处理 TCN BPDU 报文。其他端口也有可能收到 TCN BPDU 报文，但不会处理。上游设备会把配置 BPDU 报文中的 Flags 的 TCA 位置 1，通过指定端口发送给下游设备，告知下游设备停止发送 TCN BPDU 报文。同时，上游设备会以 Hello Time 为周期通过其根端口不断向它的上游交换机发送 TCN BPDU。这个过程不断向根桥方向传，直至根桥接收到 TCN BPDU。

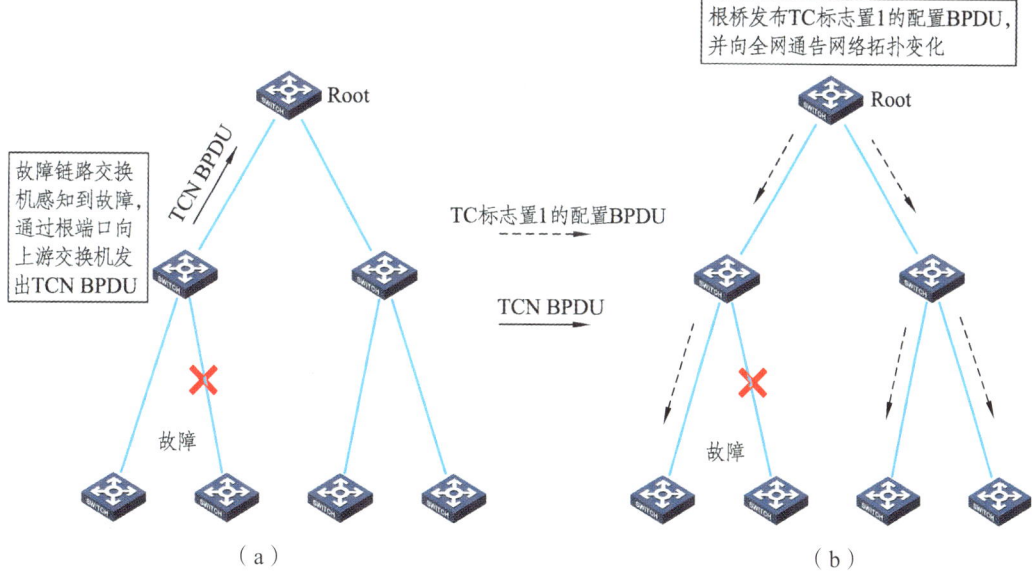

图 7.6 网络拓扑变化通告过程

如图 7.6（b）所示，根桥接收到 TCN BPDU 后，会将配置 BPDU 报文中 Flags 的 TC 位和 TCA 位同时置 1 后发送，TC 位置 1 是为了通知下游设备直接删除桥 MAC 地址表项，TCA 位置 1 是为了通知下游设备停止发送 TCN BPDU 报文。交换机收到 TC 标志置 1 的配置 BPDU 后，就知道网络拓扑已经发生了改变，说明自己的 MAC 地址表的表项内容很可能已经不再是正确的了，这时交换机会将自己的 MAC 地址表的老化周期（缺省为 300 s）缩短为 Forward Delay 的时间长度（缺省为 15 s），以加速老化掉原来的地址表。

7.2.4　生成树协议的端口状态

生成树协议定义了 3 种不同的端口角色：根端口、指定端口、备用端口。根据端口是否能接收和发送 STP 协议帧，以及端口是否能转发用户数据帧，STP 还将端口的状态分为 5 种：去使能状态、阻塞状态、侦听状态、学习状态、转发状态。表 7.3 介绍了这 5 种状态的基本说明。

表 7.3　端口状态描述

端口状态	说明
Disabled 去使能状态	端口既不接收也不发送任何帧，端口处于"Down"状态
Blocking 阻塞状态	端口仅仅能接收并处理 BPDU，不能转发 BPDU，也不能转发用户数据帧，最终备用端口会进入该状态
Listening 侦听状态	端口可以接收并转发 BPDU 报文，但不能进行 MAC 地址学习，也不能转发用户数据帧
learning 学习状态	端口可以接收并转发 BPDU 报文，并且可以进行 MAC 地址学习，但不转发用户数据帧
Forwarding 转发状态	端口既可转发用户数据帧也可转发 BPDU 报文，并且可以进行 MAC 地址学习，只有根端口或指定端口才能进入 Forwarding 状态

随着网络的改变，端口的角色也会发生改变，因此端口的状态也会发生改变，如图 7.7 所示，在任何状态下端口被禁用都会进入去使能状态，在该状态下端口任何数据都不被处理。当端口启用后首先进入的是阻塞状态，在阻塞状态下端口会接收并分析 BPDU 报文，但是不能发送 BPDU。如果该端口被选为根端口或指定端口，则会进入侦听状态，在侦听状态下端口会接收并发送 BPDU 报文，这种状态会持续一个 Forward Delay 的时间长度（缺省为 15 s）。如果没有因为意外情况返回阻塞状态，则该端口会进入学习状态。在学习状态下端口会接收并发送 BPDU 报文，同时可以进行 MAC 地址学习，开始构建 MAC 地址表，为转发用户数据帧做准备。但是为避免网络中出现因为 STP 计算过程不同步而产生的临时环路，此时还无法进行用户数据帧的转发。如果无意外情况返回阻塞状态，则该端口在持续一个 Forward Delay 的时间长度（缺省为 15 s）后，会进入转发状态。在转发转头下，端口会接收并发送 BPDU 报文和用户数据帧，同时可以进行 MAC 地址学习。

端口在任何情况下只要端口处于"Down"状态就会进入去使能状态。同样的，端口在转发、学习、帧听状态下，只要被选举为备用端口，端口都会进入阻塞状态。

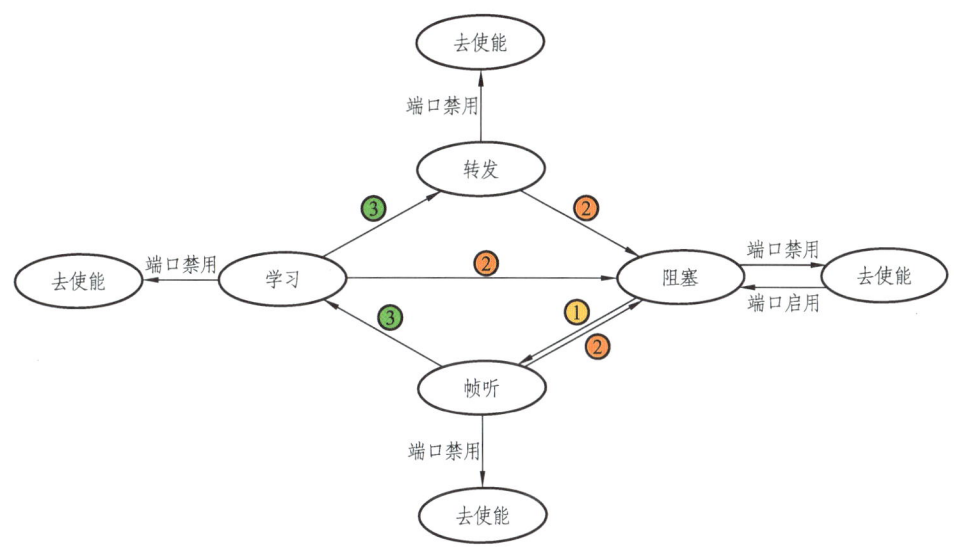

①—端口被选为指定端口或根端口；②—端口被选为备用端口；
③—端口从学习过渡到转发所经过时间周期。

图 7.7　端口状态迁移示意

7.3 RSTP

7.3.1 RSTP 概述

STP 能够提供无环网络，但是收敛速度较慢。如果 STP 网络的拓扑结构频繁变化，网络也会随之频繁失去连通性，从而导致用户通信频繁中断。因此，在 IEEE 802.1W-2001 中提出了 RSTP（Rapid Spanning Tree Protocol，快速生成树协议），并且在 IEEE 802.1D-2004 标准中替代了原来的 STP 协议。

RSTP 是 STP 协议的优化版，是在 STP 算法的基础上发展而来，承袭了它的基本思想，即通过配置消息来传递生成树信息，并通过优先级比较来进行计算。

如表 7.4 所示，RSTP 能够完成生成树的所有功能，不同之处在于：在某些情况下，一个端口被选为根端口或指定端口后，RSTP 减小了端口从阻塞到转发的时延，尽可能快地恢复网络连通性，提供更好的用户服务。

表 7.4　STP 与 RSTP 行为对比

对比情况	STP 行为	RSTP 行为
端口被选为根端口	默认情况下，2 倍的 Forward Delay 的时间时延	存在阻塞的备份根端口的情况下，仅有数毫秒的延迟
端口被选为指定端口	默认情况下，2 倍的 Forward Delay 的时间时延	在指定端口是非边缘端口的情况下,延迟取决因素较多 在指定端口是边缘端口的情况下,指定端口可以直接进入转发状态，没有延迟

7.3.2　RSTP 的端口角色

RSTP 的端口角色共有 4 种：根端口、指定端口、替代端口（Alternate）和备份端口（Backup），与 STP 相比，新增加了 2 种端口角色。

如图 7.8 所示，RSTP 中根端口、指定端口的作用与 STP 协议中定义的根端口、指定端口的作用相同。

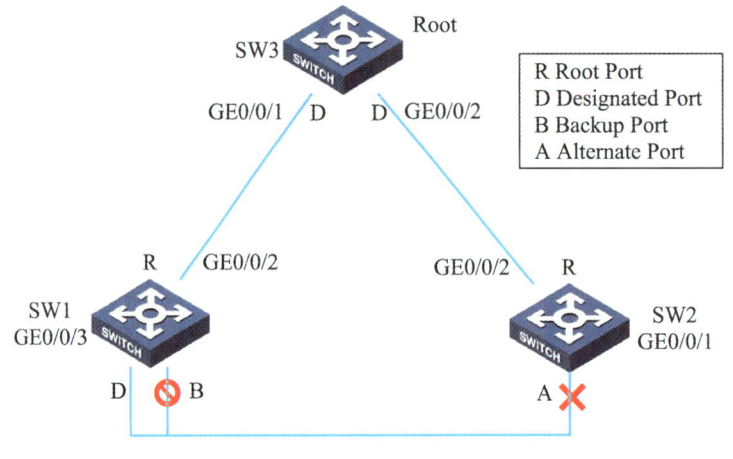

图 7.8　端口角色示意

Alternate 端口是由于学习到其他网桥发送的配置 BPDU 报文而阻塞的端口。它作为根端口的备份端口，提供了从指定桥到根的另一条可切换路径。在 RSTP 中，当端口角色确定为 Alternate 端口后，端口会维持在 Discarding 状态，即既不转发用户流量也不学习 MAC 地址。从配置 BPDU 报文发送的角度来看，Alternate 端口是因为学习到其他网桥发送的更优配置 BPDU 报文而阻塞的。从用户流量角度来看，Alternate 端口提供了从指定桥到根的另一条可切换路径，作为根端口的备份。

Backup 端口是由于学习到自己发送的配置 BPDU 报文而阻塞的端口。它作为指定端口的备份，提供了另外一条从根桥到相应网段的备份通路。Backup 端口的状态在 RSTP 的端口角色确定过程中并不直接涉及，但通常也会根据 RSTP 的算法和规则进行相应的状态转换。从配置 BPDU 报文发送的角度来看，Backup 端口是因为学习到自己发送的更优配置 BPDU 报文而阻塞的。Backup 端口提供了从根桥到相应网段的另一条备份通路，作为指定端口的备份。

运行 RSTP 的交换机使用了两个不同的端口角色来实现冗余备份。当到根桥的当前路径出现故障时，作为根端口的备份端口，Alternate 端口提供了从一个交换机到根桥的另一条可切换路径。Backup 端口作为指定端口的备份，提供了另一条从根桥到相应 LAN 网段的备份路径。当一个交换机和一个共享媒介设备（如 Hub）建立两个或者多个连接时，可以使用 Backup 端口。同样，当交换机上两个或者多个端口和同一个 LAN 网段连接时，也可以使用 Backup 端口。

7.3.3 RSTP 边缘端口

RSTP 里，位于网络边缘的指定端口被称为边缘端口。边缘端口一般与用户终端设备直接连接，不与任何交换设备连接。边缘端口不接收配置 BPDU 报文，不参与 RSTP 运算，可以由 Disabled 状态直接转到 Forwarding 状态，且不经历时延，就像在端口上将 STP 禁用了一样。但是，一旦边缘端口收到配置 BPDU 报文，就丧失了边缘端口属性，成为普通 STP 端口，并重新进行生成树计算，从而引起网络震荡。如图 7.9 所示，SW2 的 GE0/0/3 只连接了 PC，当该端口配置成边缘端口后，将不再接收配置 BPDU 报文，也不参与 RSTP 的运算。端口启用后直接从 Disabled 状态转到 Forwarding 状态。

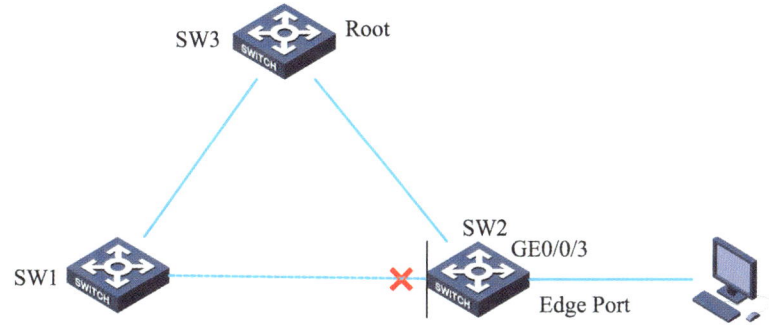

图 7.9　RSTP 边缘端口

7.3.4 RSTP 的端口状态

如表 7.5 所示，不同于 STP 的 5 种端口状态，RSTP 将端口状态缩减为 3 种。根据端口是否转发用户流量和学习 MAC 地址，端口状态可分为 Forwarding、Learning、Discarding。

表 7.5　STP 与 RSTP 端口状态角色对应表

STP 端口状态	RSTP 端口状态	RSTP 端口状态说明	端口角色
Forwarding	Forwarding	既转发用户流量，又学习 MAC 地址	包括根端口、指定端口
Learning	Learning	不转发用户流量，但是学习 MAC 地址	包括根端口、指定端口
Listening	Discarding	既不转发用户流量，也不学习 MAC 地址	包括根端口、指定端口
Blocking	Discarding		包括 Alternate 端口、Backup 端口
Disabled	Discarding		包括 Disable 端口

Discarding 状态的端口既不转发用户流量也不学习 MAC 地址；Learning 状态的端口虽然不转发用户流量但是学习 MAC 地址；Forwarding 状态的端口既转发用户流量又学习 MAC 地址。

7.4 MSTP

7.4.1 STP 和 RSTP 存在的问题

虽然 STP 成功地消除了二层网络中的环路问题，RSTP 在此基础上进一步提升了网络收敛的速度，两者依然共同面临一项挑战，即传统 STP/RSTP 采用的方法是使用统一的生成树。所有的 VLAN 共享一棵生成树（Common Spanning Tree，CST），其拓扑结构也是一致的。因此，在一条 Trunk 链路上，所有的 VLAN 要么全部处于转发状态，要么全部处于阻塞状态。一旦网络中某条链路因 STP 或 RSTP 机制被阻断，该链路便不再参与任何数据传输，不仅导致了网络资源的浪费，还可能引发特定 VLAN 的数据包传输受阻的情况。

如图 7.10 所示，当网络中存在多个 VLAN，使用 STP 或 RSTP 时，VLAN 10 和 VLAN 20 共享一棵生成树，如 SW1 的 GE0/0/1 进入阻塞状态后会导致 VLAN 10 和 VLAN 20 都不能从该端口通过，PC1 去往 Server 的报文就只能通过 SW2 转发到 SW3，再发送到 Server，这样网络就无法起到负荷分担的功能，SW1 和 SW2 之间的链路就浪费了，并且转发路线也不是最优方案。假如此时 SW1 和 SW2 之间的链路只能通过 VLAN 20 而不能通过 VLAN 10，就会导致 PC1 的报文无法发往 Server。

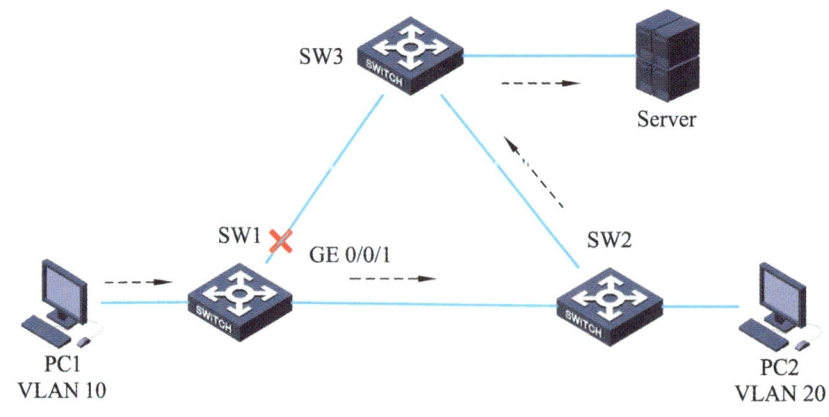

图 7.10 STP/RSTP 的缺陷

7.4.2 MSTP 的工作原理

当前的交换网络往往工作在多 VLAN 环境下。在此环境下，就必须有新的解决方案，而 IEEE 802.1s 定义的 MSTP（Multiple Spanning Tree Protocol）就可以实现 VLAN 级负载均衡。

通过 MSTP 协议，可以在网络中定义多个生成树实例，每个实例对应多个 VLAN，每个实例维护自己的独立生成树。这样既避免了为每个 VLAN 维护一棵生成树的巨大资源消耗，又可以使不同的 VLAN 具有完全不同的生成树拓扑，不同 VLAN 在同一端口上可以具有不同的状态，从而可以实现 VLAN 一级的负载分担。

如图 7.11 所示，MSTP 建立了两个实例，分别是实例 1 和实例 2；VLAN 10 绑定在实例 1 中，VLAN 20 绑定在实例 2 中，两个实例分别形成独立的生成树。SW1 是实例 1 的根桥，SW1 和 SW3 之间的链路通畅，所以 PC1 的数据直接通过 SW1 和 SW3 之间的链路发送到 Server。SW2 是实例 2 的根桥，SW2 和 SW3 之间的链路通畅，所以 PC2 的数据直接通过 SW2 和 SW3 之间的链路发送到 Server。

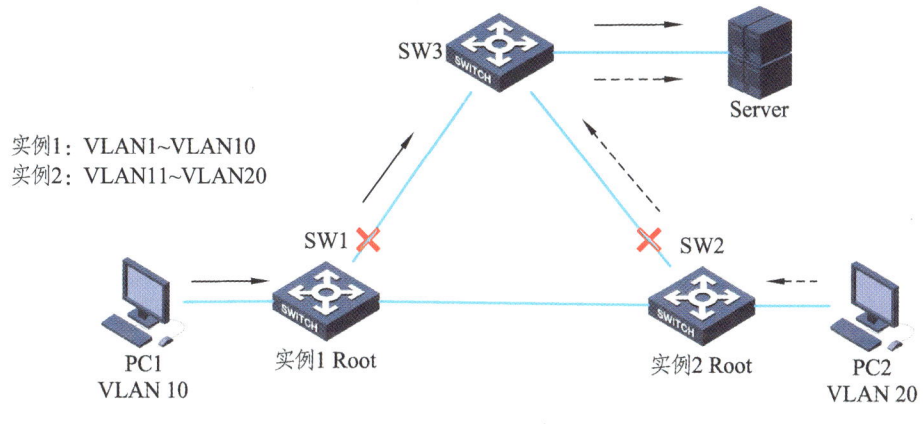

图 7.11　MSTP 的工作原理

7.5　配置示例

某公司有一栋三层的办公楼，公司的业务部和研发部在一楼，财务部和人事部在二楼，为了信息安全，要求每个部门之间都无法相互通信。三楼安装有一台交换机，用于连接公司内的服务器，所有部门都需要能与服务器通信。要求尽量提高网络的可靠性，楼间的传输线路资源充足。

1. 配置思路

（1）四个部门之间无法通信，而同时能与服务器通信，因此需要为每个部门和服务器分别分配一个独立的 VLAN，并采用混合端口模式。

（2）由于传输资源充足，为保证网络的可靠性，可以通过在网络中形成环路实现。

（3）因为使用交换机组网，并且要形成环路，所以要使用生成树协议。

（4）因为存在多个 VLAN，并且 VLAN 之间的路线不同，所以要使用 MSTP。

（5）一楼和二楼对应部门的 VLAN 规划在同一个实例内，并且该楼层交换机设置为该实例的根桥；服务器对应的 VLAN 规划在独立的实例中，并且将三楼交换机设置为该实例的根桥。

2. 拓扑图规划

根据网络需求规划网络拓扑图，如图 7.12 所示。

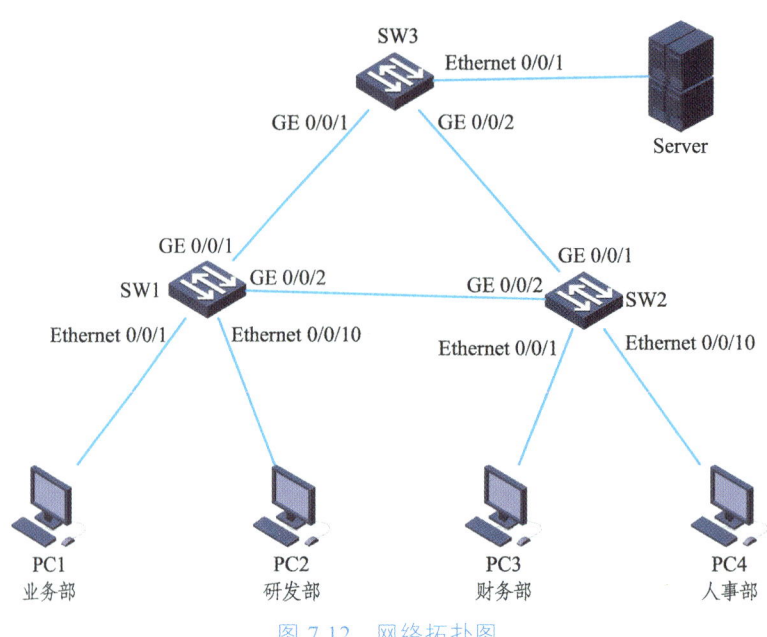

图 7.12 网络拓扑图

3. 数据规划

根据拓扑图和需求分析，完成网络数据的规划，见表 7.6。

表 7.6 数据规划

设备名称	端口	接口类型	VID	PVID	IP 地址	描述	备注
PC1	Ethernet0/0/1				192.168.0.1	to SW1	
PC2	Ethernet0/0/1				192.168.0.2	to SW1	
PC3	Ethernet0/0/1				192.168.0.3	to SW2	
PC4	Ethernet0/0/1				192.168.0.4	to SW2	
Server	Ethernet0/0/1				192.168.0.5	to SW3	
SW1	Ethernet0/0/1	Hybrid	10/50	10		to PC1	业务部
SW1	Ethernet0/0/10	Hybrid	20/50	20		to PC2	研发部
SW1	GE 0/0/1	Trunk	all			to SW3	
SW1	GE 0/0/2	Trunk	all			to SW2	
SW2	Ethernet0/0/1	Hybrid	30/50	30		to PC3	财务部
SW2	Ethernet0/0/10	Hybrid	40/50	40		to PC4	人事部
SW2	GE 0/0/1	Trunk	all			to SW3	
SW2	GE 0/0/2	Trunk	all			to SW1	
SW3	Ethernet0/0/1	Hybrid	10/20/30/40/50	50		to Server	
SW3	GE 0/0/1	Trunk	all			to SW1	
SW3	GE 0/0/2	Trunk	all			to SW2	

4. 配置步骤

（1）基础数据配置步骤：

步骤一：在SW1上完成基础数据配置，执行命令如下：

```
<Huawei>system-view
[Huawei]sysname SW1
[SW1]vlan batch 10 20 30 40 50                //创建VLAN
[SW1]interface Etherne0/0/1                   //配置Etherne0/0/1接口的VLAN
[SW1-Ethernet0/0/1]port link-type hybrid
[SW1-Ethernet0/0/1]port hybrid untagged vlan 10 50
[SW1-Ethernet0/0/1]port hybrid pvid vlan 10
[SW1-Ethernet0/0/1]interface Ethernet0/0/10   //配置Etherne0/0/10接口的VLAN
[SW1-Ethernet0/0/10]port link-type hybrid
[SW1-Ethernet0/0/10]port hybrid untagged vlan 20 50
[SW1-Ethernet0/0/10]port hybrid pvid vlan 20
[SW1-GigabitEthernet0/0/1]interface GigabitEthernet 0/0/1  //配置GE0/0/1接口的VLAN
[SW1-GigabitEthernet0/0/1]port link-type trunk
[SW1-GigabitEthernet0/0/1]port trunk allow-pass vlan all
[SW1-GigabitEthernet0/0/1]interface GigabitEthernet 0/0/2  //配置GE0/0/2接口的VLAN
[SW1-GigabitEthernet0/0/1]port link-type trunk
[SW1-GigabitEthernet0/0/1]port trunk allow-pass vlan all
```

步骤二：在SW2上完成基础数据配置，执行命令如下：

```
<Huawei>system-view
[Huawei]sysname SW2
[SW2]vlan batch 10 20 30 40 50                //创建VLAN
[SW2]interface Etherne0/0/1                   //配置Etherne0/0/1接口的VLAN
[SW2-Ethernet0/0/1]port link-type hybrid
[SW2-Ethernet0/0/1]port hybrid untagged vlan 30 50
[SW2-Ethernet0/0/1]port hybrid pvid vlan 30
[SW2-Ethernet0/0/1]interface Ethernet0/0/10   //配置Etherne0/0/10接口的VLAN
[SW2-Ethernet0/0/10]port link-type hybrid
[SW2-Ethernet0/0/10]port hybrid untagged vlan 40 50
[SW2-Ethernet0/0/10]port hybrid pvid vlan 40
[SW2-GigabitEthernet0/0/1]interface GigabitEthernet 0/0/1  //配置GE0/0/1接口的VLAN
[SW2-GigabitEthernet0/0/1]port link-type trunk
[SW2-GigabitEthernet0/0/1]port trunk allow-pass vlan all
[SW2-GigabitEthernet0/0/1]interface GigabitEthernet 0/0/2  //配置GE0/0/2接口的VLAN
[SW2-GigabitEthernet0/0/1]port link-type trunk
[SW2-GigabitEthernet0/0/1]port trunk allow-pass vlan all
```

步骤三：在 SW3 上完成基础数据配置，执行命令如下：

```
<Huawei>system-view
[Huawei]sysname SW3
[SW3]vlan batch 10 20 30 40 50                    //创建 VLAN
[SW3]interface Etherne0/0/1                       //配置 Etherne0/0/1 接口的 VLAN
[SW3-Ethernet0/0/1]port link-type hybrid
[SW3-Ethernet0/0/1]port hybrid untagged vlan 10 20 30 40 50
[SW3-Ethernet0/0/1]port hybrid pvid vlan 50
[SW3-GigabitEthernet0/0/1]interface GigabitEthernet 0/0/1   //配置 GE0/0/1 接口的 VLAN
[SW3-GigabitEthernet0/0/1]port link-type trunk
[SW3-GigabitEthernet0/0/1]port trunk allow-pass vlan all
[SW3-GigabitEthernet0/0/1]interface GigabitEthernet 0/0/2   //配置 GE0/0/2 接口的 VLAN
[SW3-GigabitEthernet0/0/1]port link-type trunk
[SW3-GigabitEthernet0/0/1]port trunk allow-pass vlan all
```

步骤四：使用 ping 命令测试，确保 PC 之间都无法 ping 通，所有 PC 与 Server 之间都能 ping 通。

（2）SW1 生成树协议配置步骤：

步骤一：在 SW1 上启用生成树协议（命令：stp {enable/disable}），执行命令如下：

```
[SW1]stp enable                                   //启用 STP 协议
```

步骤二：设置生成树协议工作模式（命令：stp mode {mstp/stp/rstp}），执行命令如下：

```
[SW1]stp mode mstp                                //配置 STP 工作模式
```

步骤三：进入 MSTP 域视图（命令：stp region-coniguration），执行命令如下：

```
[SW1]stp region-configuration                     //进入 MSTP 域视图
[SW1-mst-region]
```

步骤四：配置 MSTP 域名（命令：region-name{name}），执行命令如下：

```
[SW1-mst-region]region-name test                  //配置 MSTP 域名
```

📖 配置说明

①缺省情况下，MST 域的域名等于交换设备的桥 MAC 地址。
②在同一 MST 域中，域名、修订级别以及 VLAN 到 MSTI 的映射关系必须相同。
③该命令需要在执行 active region-configuration 后才能生效。

步骤五：配置多生成树实例与 VLAN 的映射关系（命令：instance{instance-id} vlan { vlan-id1 [to vlan-id2…] })，执行命令如下：

```
[SW1-mst-region]instance 1 vlan 10 20        //配置实例与 VLAN 的映射关系
[SW1-mst-region]instance 2 vlan 30 40
[SW1-mst-region]instance 3 vlan 50
```

 📖 配置说明
缺省情况下，MST 域内所有的 VLAN 都映射到生成树实例 0。

步骤六：配置 MST 域的 MSTP 修订级别（命令：revision-level{*level*})，执行命令如下：

```
[SW1-mst-region]revision-level 0        //配置 MSTP 修订级别
```

 📖 配置说明
①缺省情况下，MST 域的 MSTP 修订级别为 0。
②在同一 MST 域中，域名、修订级别以及 VLAN 到 MSTI 的映射关系必须相同。
③该命令需要在执行 active region-configuration 后才能生效。

步骤七：激活 MST 域的配置（命令：active region-configuration),执行命令如下：

```
[SW1-mst-region]active region-configuration        //激活 MST 域的配置
```

步骤八：配置根桥和备份根桥（命令：stp [instance{instance-id}] root {primary/secondary})，执行命令如下：

```
[SW1-mst-region]quit
[SW1]stp instance 1 root primary        //将该交换机配置为实例 1 的根桥
[SW1]stp instance 2 root secondary      //将该交换机配置为实例 2 的备份根桥
```

（3）SW2 生成树协议配置，执行命令如下：

```
[SW2]stp enable                              //启用 STP 协议
[SW2]stp mode mstp                           //配置 STP 工作模式
[SW2]stp region-configuration                //进入 MSTP 域视图
[SW2-mst-region]region-name test             //配置 MSTP 域名
[SW2-mst-region]instance 1 vlan 10 20        //配置实例与 VLAN 的映射关系
```

```
[SW2-mst-region]instance 2 vlan 30 40
[SW2-mst-region]instance 3 vlan 50
[SW2-mst-region]revision-level 0             //配置MSTP修订级别
[SW2-mst-region]active region-configuration  //激活MST域的配置
[SW2-mst-region]quit
[SW2]stp instance 2 root primary             //将该交换机配置为实例2的根桥
[SW2]stp instance 1 root secondary           //将该交换机配置为实例1的备份根桥
```

（4）SW3生成树协议配置，执行命令如下：

```
[SW3]stp enable                              //启用STP协议
[SW3]stp region-configuration                //进入MSTP域视图
[SW3-mst-region]region-name test             //配置MSTP域名
[SW3-mst-region]instance 1 vlan 10 20        //配置实例与VLAN的映射关系
[SW3-mst-region]instance 2 vlan 30 40
[SW3-mst-region]instance 3 vlan 50
[SW3-mst-region]revision-level 0             //配置MSTP修订级别
[SW3-mst-region]active region-configuration  //激活MST域的配置
[SW3-mst-region]quit
[SW3]stp instance 3 root primary             //将该交换机配置为实例2的根桥
```

5. 查询配置结果

步骤一：查看SW1的生成树状态（命令：display stp [interface {interface-type interface-number}] [brief]），执行命令如下：

```
[SW1]display stp brief
MSTID  Port                    Role  STP State    Protection
  0    Ethernet0/0/1           DESI  FORWARDING   NONE
  0    Ethernet0/0/10          DESI  FORWARDING   NONE
  0    GigabitEthernet0/0/1    ROOT  FORWARDING   NONE
  0    GigabitEthernet0/0/2    ALTE  DISCARDING   NONE
  1    Ethernet0/0/1           DESI  LEARNING     NONE
  1    Ethernet0/0/10          DESI  LEARNING     NONE
  1    GigabitEthernet0/0/1    DESI  FORWARDING   NONE
  1    GigabitEthernet0/0/2    DESI  FORWARDING   NONE
  2    GigabitEthernet0/0/1    DESI  DISCARDING   NONE
  2    GigabitEthernet0/0/2    ROOT  FORWARDING   NONE        //根端口
  3    Ethernet0/0/1           DESI  FORWARDING   NONE
  3    Ethernet0/0/10          DESI  FORWARDING   NONE
  3    GigabitEthernet0/0/1    ROOT  FORWARDING   NONE        //根端口
  3    GigabitEthernet0/0/2    ALTE  DISCARDING   NONE        //备用端口
```

& 配置说明

①SW1 的所有端口在实例 1 中都是指定端口，因此该交换机是实例 1 的根桥。

②所有交换机默认存在实例 0，并且所有未映射的 VLAN 都在实例 0 里面。

步骤二：查看 SW2 的生成树状态（命令：display stp [interface {interface-type interface-number}] [brief]），执行命令如下：

```
[SW2]display stp brief
 MSTID  Port                    Role  STP State    Protection
   0    Ethernet0/0/1           DESI  FORWARDING   NONE
   0    Ethernet0/0/10          DESI  FORWARDING   NONE
   0    GigabitEthernet0/0/1    ROOT  FORWARDING   NONE         //根端口
   0    GigabitEthernet0/0/2    DESI  FORWARDING   NONE
   1    GigabitEthernet0/0/1    DESI  FORWARDING   NONE
   1    GigabitEthernet0/0/2    ROOT  FORWARDING   NONE         //根端口
   2    Ethernet0/0/1           DESI  FORWARDING   NONE
   2    Ethernet0/0/10          DESI  FORWARDING   NONE
   2    GigabitEthernet0/0/1    DESI  FORWARDING   NONE
   2    GigabitEthernet0/0/2    DESI  FORWARDING   NONE
   3    Ethernet0/0/1           DESI  FORWARDING   NONE
   3    Ethernet0/0/10          DESI  FORWARDING   NONE
   3    GigabitEthernet0/0/1    ROOT  FORWARDING   NONE         //根端口
   3    GigabitEthernet0/0/2    DESI  FORWARDING   NONE
```

& 配置说明

SW2 的所有端口在实例 2 中都是指定端口，因此该交换机是实例 2 的根桥。

步骤三：查看 SW3 的生成树状态（命令：display stp [interface {interface-type interface-number}] [brief]），执行命令如下：

```
[SW2]display stp brief
 MSTID  Port                    Role  STP State    Protection
   0    Ethernet0/0/1           DESI  FORWARDING   NONE
   0    GigabitEthernet0/0/1    DESI  FORWARDING   NONE
   0    GigabitEthernet0/0/2    DESI  FORWARDING   NONE
   1    Ethernet0/0/1           DESI  FORWARDING   NONE
```

1	GigabitEthernet0/0/1	ROOT	FORWARDING	NONE	//根端口
1	GigabitEthernet0/0/2	ALTE	DISCARDING	NONE	//备用端口
2	Ethernet0/0/1	DESI	FORWARDING	NONE	
2	GigabitEthernet0/0/1	ALTE	DISCARDING	NONE	//备用端口
2	GigabitEthernet0/0/2	ROOT	FORWARDING	NONE	//根端口
3	Ethernet0/0/1	DESI	FORWARDING	NONE	
3	GigabitEthernet0/0/1	DESI	FORWARDING	NONE	
3	GigabitEthernet0/0/2	DESI	FORWARDING	NONE	

📖 配置说明

SW3 的所有端口在实例 3 中都是指定端口，因此该交换机是实例 3 的根桥。

6. 常用命令汇总

VLAN 配置中的常用命令见表 7.7。

表 7.7 常用命令

命令名称	命令	说明
启用 STP 协议	stp {enable/disable}	必选
配置 STP 协议的工作模式	stp mode {mstp/stp/rstp}	必选
配置交换机类型	stp [instance{instance-id}] root {primary/secondary}	可选
修改交换机优先级	stp [instance{instance-id}] priority {priority}	可选
进入 MSTP 域视图	stp region-coniguration	MSTP 模式必选
配置 MSTP 域名	region-name{name}	MSTP 模式可选
配置多生成树实例与 VLAN 的映射关系	instance{instance-id} vlan { vlan-id1 [to vlan-id2…] }	MSTP 模式必选
配置 MST 域的 MSTP 修订级别	revision-level{level}	MSTP 模式可选
激活 MST 域的配置	active region-configuration	MSTP 模式必选
查看交换机当前生效的 MST 域配置信息	display stp region-configration	
查看 STP 状态信息	display stp [interface {interface-type interface-number}] [brief];	

项目 8 IP 编码

在前面的学习中，我们深入了解了 MAC 地址，它是数据链路层的关键组成部分，交换机能够根据 MAC 地址表进行数据帧的转发。然而，MAC 地址仅适用于局域网内的通信，当涉及跨网络或全球范围内的数据交换时，MAC 地址就显得力不从心了。

为了实现全球范围内的通信，我们需要一种更为通用的地址系统，这就是 IP 地址的作用所在。IP 地址是网络层的核心组成部分，它为每个网络设备提供了一个全球唯一的标识符，从而确保了不同网络之间的设备能够相互通信。

IP 地址是由一系列数字组成，这些数字按照特定的格式排列，以确保在全球范围内的唯一性。目前使用的 IP 协议主要有两个版本：IPv4 和 IPv6。IPv4 地址由 4 组数字构成，每组数字的范围为 0～255，如 172.16.193.246。而 IPv6 地址则由 8 组 4 个十六进制数构成，提供了更大的地址空间，如 2001:0db8:85a3:0000:0000:8a2e:0370:7334。目前，大多数网络通信使用的还是 IPv4 报文，由于其广泛的部署和兼容性而成为主流。然而，随着互联网设备的激增，IPv4 地址的有限性逐渐显现，这促使了 IPv6 的快速发展和推广。

IPv6 不仅提供了几乎无限的地址空间，还带来了其他改进，包括简化的报头格式、更好的安全性和移动性支持。随着技术的进步和网络基础设施的升级，IPv6 的使用正在迅速增长。

下面将深入探讨 IP 地址的各个方面，为了保持一致性和便于理解，除非特别指出，本书中提到的 IP 地址将默认指代 IPv4 地址。

8.1 有类编址

8.1.1 IP 地址结构

IPv4 是 Internet Protocol version 4 的缩写，是互联网上广泛使用的第 4 个版本的互联网协议。它凭借其广泛的兼容性和部署基础，成为目前最常见和广泛使用的 IP 协议版本。IPv4 使用 32 位的地址空间，这意味着它可以提供大约 42.96 亿（即 2^{32}）个不同的 IP 地址。然而，由于一些地址被保留用于特殊用途，实际可用的地址数量略少于此数。为了帮助理解 IPv4 地址的结构，可以将其与座机电话号码进行类比。座机电话号码是由区号和本地电话号码两部分组成，例如，电话号码"028-12345678"中，"028"是城市的区号，而"12345678"是该城市内的某一个电话号码。类似地，IPv4 地址也分为两个主要部分：网络号和主机号，如图 8.1 所示。

网络号		主机号	
172	16	193	246
10101100	00010000	11000001	11110110

图 8.1 IP 地址组成

通过这种网络加主机的分层结构，IPv4 地址能够实现有效的路由和转发。如图 8.2 所示，路由器利用网络部分来决定如何将数据包从一个网络传输到另一个网络，而主机部分则确保数据包能够到达正确的最终目的地。

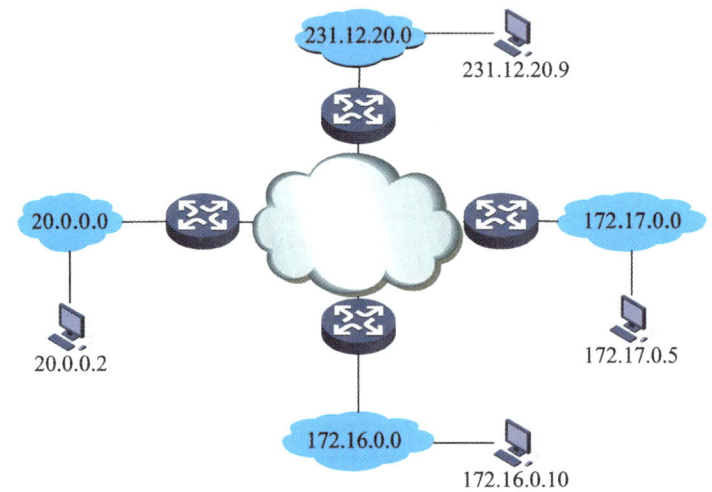

图 8.2 IP 地址在网络中的应用

8.1.2 二进制与十进制之间的转换

IPv4 的长度是 32 个比特，由 4 字节组成。为方便使用，IP 地址通常采用十进制表示。下面将学习二进制与十进制的转换方法。

1. 二进制转换成十进制

一个二进制 IP 地址，如果要将其转换成常用的十进制 IP 地址，首先需要将这组 32 位的二进制划分成 4 个 8 位的二进制。如图 8.3 所示，对每一段的 8 位二进制数分别进行计算。计算方法是将其中所有的数字"1"根据在该段中的位置，分别换算成 2^0、2^1、2^2、2^3、2^4、2^5、2^6、2^7。最后将这些数字相加后得到的 0～255 数字就是该段的十进制数字。

所有 4 段 8 位二进制数都计算完成后就得到了该二进制的十进制 IP 地址，如图 8.4 所示。

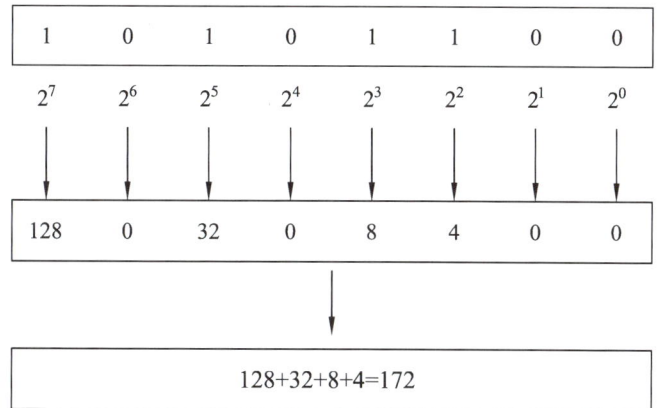

图 8.3 二进制转换成十进制

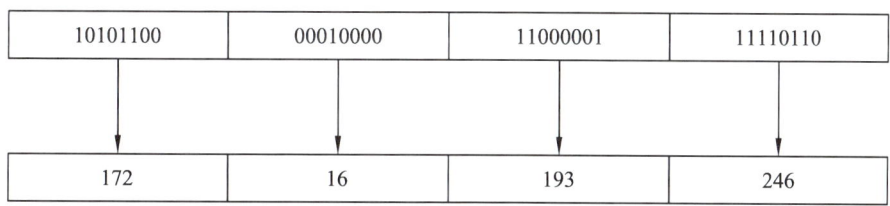

图 8.4 计算十进制 IP 地址

2. 十进制转换成二进制

反过来，如果需要将十进制转换成二进制，比较常用的方法有将十进制数字不断地除以 2，根据余数来生成二进制；使用连续减法，固定将差值减去 128、64、32、16、8、4、2、1 来计算。如图 8.5 所示，假如要将 IP 地址 172.16.193.246 转换成二进制，就需要对每组数字分别进行计算，例如 "172" 按顺序依次使用差值连续减去 128、64、32、16、8、4、2、1，差值如果大于等于 0 表示该位是 1，是负数则表示为 0；最后得出 "172" 的二进制是 10101100。

图 8.5 十进制转换成二进制

8.1.3 IP 地址的分类

有类编址的概念诞生于互联网的早期发展阶段。在 20 世纪 70 年代末至 20 世纪 80 年代初，随着 ARPANET（高级研究计划署网络，即后来的互联网）的扩展，对于一种标准化的网络地址分配方案的需求日益增长。当时，互联网的规模相对较小，网络数量有限，因此设计了一种简单且直观的 IP 地址分类系统，这就是后来被称为"有类"的 IP 地址系统。

有类编址系统基于一个简单的假设：网络的大小和需求可以被预先分类。这导致了 A、B、C、D 和 E 五类地址的创建，如图 8.6 所示。

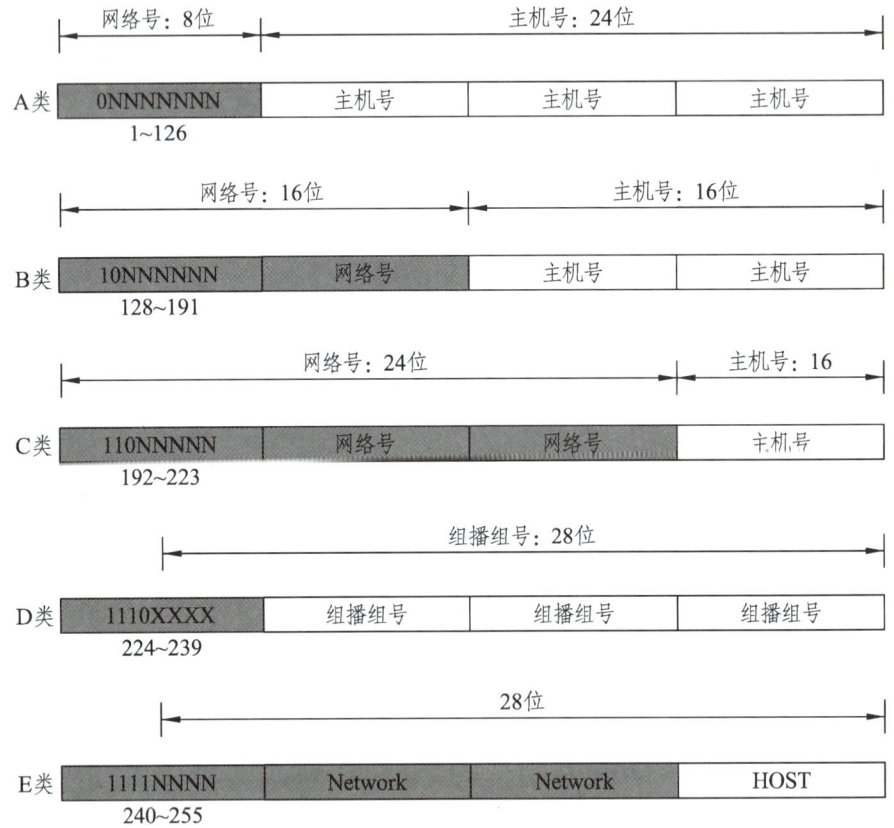

图 8.6 IP 地址分类

在有类编址体系中，A、B 和 C 类地址是为单播通信设计的，它们分别适用于不同规模的网络环境。这些类别的地址是分配给网络中主机接口的主要类型，并且构成了我们日常使用的 IP 地址的主体，见表 8.1。除了这些常规用途的地址外，还有一些特殊保留的地址用于其他目的，如私有网络地址、广播地址和回环地址等。这些特殊地址不用于公共互联网上的设备通信。由于 A、B 和 C 类地址能够满足从小规模到大规模网络的需求，它们成为互联网上绝大多数主机接口地址的基础。

表 8.1 有类编址的特点

类型	特点
A 类	为大型网络设计，如跨国公司或大型教育机构，它们拥有大量的主机。A 类地址的前 8 位用于网络标识，剩余的 24 位用于主机标识
B 类	适用于中型网络，如地区性网络或中等规模的组织。B 类地址的前 16 位用于网络标识，剩余的 16 位用于主机标识
C 类	为小型网络设计，如小型企业或校园网络。C 类地址的前 24 位用于网络标识，剩余的 8 位用于主机标识

与 A、B、C 类地址不同，D 类地址并不用于标识单个网络或主机，而是用于组播，即允许一个数据包被发送给一个特定的主机组。D 类地址的前四位总是以"1110"开始，这使得它们能够被区分开来。E 类地址则被保留用于实验和未来使用，它们通常不用于常规的网络操作。E 类地址的前四位以"1111"开头，这一特殊的前缀确保了它们不会被用于普通的单播或多播通信。

有类编址的设计在当时简化了地址分配过程，使得网络管理员能够根据网络规模快速选择合适的地址类别。然而，随着互联网的快速增长，这种分类方法逐渐暴露出其局限性，如地址空间的浪费和灵活性不足。这些挑战最终催生了无类 IP 地址的引入，它提供了更为灵活和高效的 IP 地址分配机制。

8.1.4 特殊 IP 地址

IP 地址是由互联网号码分配机构（IANA）来统一分配的，以保证任何一个 IP 地址在 Internet 上的唯一性。在 IP 地址的分配体系中，存在一些特殊用途的 IP 地址。表 8.2 列出了常见的特殊 IP 地址。

表 8.2 特殊 IP 地址

名称	网络部分	主机部分	用途
环回地址	127	any	环回地址是一个保留地址，该地址是指计算机本身，主要作用是预留下来作为测试使用，通常用来测试设备自身的软件系统
有限广播地址	255.255.255.255		它可以作为一个 IP 报文的目的 IP 地址使用。路由器接收到目的 IP 地址为有限广播地址的 IP 报文后，会停止对该 IP 报文的转发
未指定地址	0.0.0.0		① 如果把这个地址作为网络地址，它的意思就是"任何网络"的网络地址。② 如果把这个地址作为主机接口地址，它的意思就是"这个网络上这个主机接口"的 IP 地址

续表

名称	网络部分	主机部分	用途
本地链路地址	169.254	any	如果一个网络设备获取 IP 地址的方式被设置成了自动获取方式,但是该设备在网络上又没有找到可用的 DHCP 服务器,那么该设备就会使用 169.254.0.0/16 网段的某个地址来进行临时通信
网络地址	any	全"0"	常用来标识一个网络。网络地址也是某个网络的起始地址
广播地址	any	全"1"	在特定的网络上发送广播消息。广播地址通常是某个网络最后一个地址
私网 IP 地址	A 类:10.0.0.0~10.255.255.255 B 类:172.16.0.0~172.31.255.255 C 类:192.168.0.0~192.168.255.255		私网地址只能用于某个内部网络,因为公网没有这些私网地址的路由,所以不能用于公共网络。如果私网需要与 Internet 互联,必须使用网络地址转换(NAT)技术将私网地址转换成公网地址来实现私网与 Internet 的通信

8.2 无类编址

8.2.1 有类编址的局限性

传统的有类编址系统根据网络规模将 IP 地址分为 A、B、C、D 和 E 五个类别。每个类别都预定义了网络号和主机号的位数,例如,A 类地址有 8 位网络位和 24 位主机位,B 类地址有 16 位的网络位和 16 位的主机位。这种有类编址的划分在互联网早期阶段对于简化地址分配和管理起到了积极作用。

然而,随着互联网的快速发展和网络需求的多样化,有类编址系统逐渐暴露出地址分配的不灵活性和地址空间的浪费等问题,例如,即使只需要为两台网络设备分配地址,也必须最少分配一个 C 类地址段,该段提供了 256 个地址,但又只需要使用其中的两个,导致了大量地址的闲置。为了解决这些问题,引入了无类编址。

无类编址不预设网络号和主机号的固定位数,而是允许使用可变长度的子网掩码(VLSM)。这种方法使得 IP 地址的分配更加灵活,可以根据实际需求来分配地址空间,从而显著提高了 IP 地址的利用率。

8.2.2 子网掩码

子网掩码是一个 32 位的数字,与 IPv4 地址一样,它也被分为 4 组,每组 8 位二进制数,并通常以点分十进制格式表示。子网掩码的作用是区分 IP 地址中的网络位和主机位。当子网掩码和 IP 地址一起使用时,IP 地址的网络位由子网掩码的"1"标识,主机位由子网掩码的"0"标识。因为 IP 地址是由网络号+主机号组成,网络位在前,主机位在后,因此,子网掩码就是由连续的"1"和连续的"0"组成,其中"1"的数量就是对应 IP 地址网络位的位数。

例如,"172.16.193.172"这个 IP 地址如果按照有类编址是一个 B 类地址,B 类地址的网络号有 16 位。如表 8.3 所示,在无类编址中,可以用子网掩码 255.255.0.0 来标识。

表 8.3 子网掩码的计算 1

名称		网络号		主机号	
IP 地址	十进制	172	16	193	172
	二进制	10101100	00010000	11000001	10101100
子网掩码	十进制	255	255	0	0
	二进制	11111111	11111111	00000000	00000000
网络地址	十进制	172	16	0	0
	二进制	10101100	00010000	00000000	00000000
广播地址	十进制	172	16	255	255
	二进制	10101100	00010000	11111111	11111111

按照网络地址和广播地址的定义,主机号全为"0"的是网络地址,主机号全为"1"的是广播地址,所以"172.16.193.172/16"所在网络的网络地址是 172.16.0.0,广播地址是 172.16.255.255,主机地址是 172.16.0.1~172.16.255.254。

在上面的例子中,因为子网掩码中"1"的个数就是有类编址中网络号的位数,所以该 IP 地址所在网络的 IP 地址数量没有发生改变。如果要改变网段中 IP 地址的数量,只需要调整子网掩码"1"的位数就可以实现。

例如,表 8.4 中的 IP 地址 172.16.193.172 对应的子网掩码变成 255.255.255.192。将子网掩码从 16 位增加到 26 位,按照子网掩码"1"标识 IP 地址的网络位,子网掩码"0"标识 IP 地址的主机位,可以算出该 IP 地址所在网络的网络地址是 172.16.193.128,广播地址是 172.16.193.191,主机地址是 172.16.193.129~172.16.193.190。通过比较可以看出"172.16.193.172/26"所在网络的 IP 地址数量明显减少了,从有类编址的 2^{16} 个变成 2^6 个,使用变得更加灵活。

表 8.4 子网掩码的计算 2

名称		网络号		子网号		主机号
IP 地址	十进制	172	16	193		172
	二进制	10101100	00010000	11000001	10	101100
子网掩码	十进制	255	255	255		192
	二进制	11111111	11111111	11111111	11	000000
网络地址	十进制	172	16	193		128
	二进制	10101100	00010000	11000001	10	000000
广播地址	十进制	172	16	193		191
	二进制	10101100	00010000	11000001	10	111111

子网掩码的引入，使无类编址方式可以兼容有类编址，即 A 类地址的子网掩码固定是 255.0.0.0，B 类地址的子网掩码固定是 255.255.0.0，C 类地址的子网掩码固定是 255.255.255.0。这样有类编址就可以使用无类编址来表示。同时，子网掩码的长度也可以根据需要灵活变化，所以子网掩码也称为"可变长子网掩码"。

8.2.3 子网计算

在无类编址中，一个网络的大小不再是提前固定的，而是由子网掩码中"0"的位数来决定的。假设子网掩码的"0"有 n 位，则对应的网络 IP 地址就是 2^n 个，可使用的主机地址是 $2^n - 2$ 个，例如，掩码"/26"的"0"是 32 – 26=6 位，所以该掩码下的 IP 地址是 2^6=64 个，可用主机地址数量是 $2^6 - 2$=62 个。

如图 8.7 所示，在实际工作中，常根据实际需要的主机地址数量分配网段，例如，某分公司有 3 个部门，其中，A 部门有 10 台主机，B 部门有 20 台主机，C 部门有 30 台主机，3 个部门使用路由器连接起来，最后汇聚到集团公司的总路由器 Center 上，由于 IP 地址是整个集团公司统一分配，该分公司网络要求采用 172.16.0.0/24 这个网段进行组网。

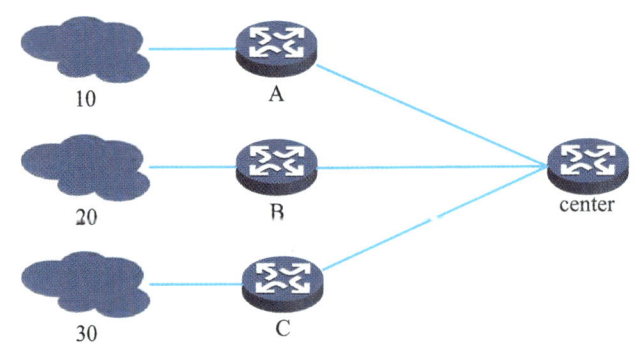

图 8.7 某公司网络拓扑图

详细的计算步骤如下：

步骤一：计算主机地址数量。由于 3 个部门都是通过路由器接入，而路由器的接口也是需要分配一个同网段的主机地址，在计算主机地址数量时需要在主机数量的基础上加上 1 个路由器的接口地址。同样地，在两个路由器直接进行连接时，两端路由器的接口 IP 地址也需要在同一个网段。因此，计算出每个网络所需要的最低主机地址数量如图 8.8 所示。

步骤二：排序。将所需主机数量从大到小进行排列，31，21，11，2，2，2。从数量最多的开始进行规划。

步骤三：计算掩码。由于掩码所能提供的可用主机地址数量是 $2^n - 2$（n 是主机位的位数），且掩码所提供的主机地址数量必须大于等于所需的主机地址数量。因此，只要计算出 n 就能知道掩码的主机位数量，从而推导出掩码。不同位数掩码所能提供的主机地址如图 8.9 所示。因此，31 台主机至少要使用 n=6 的掩码，即子网掩码是"/26"。

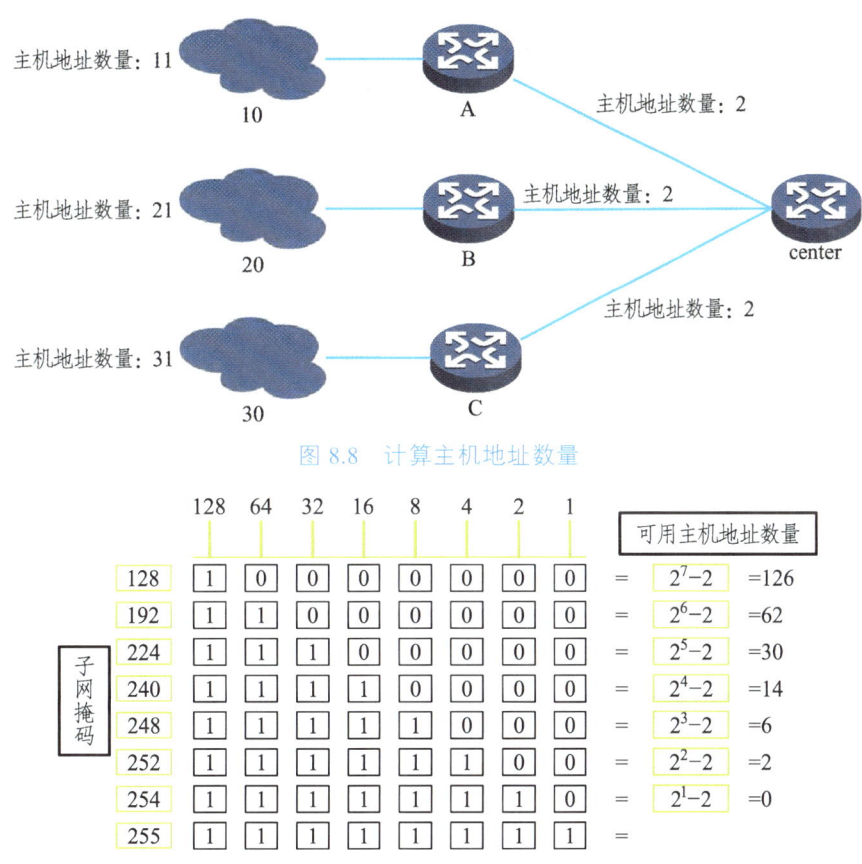

图 8.8 计算主机地址数量

图 8.9 掩码与主机地址数量对比

步骤四：计算子网。在剩余未分配的 IP 地址中，根据由步骤三计算出的掩码，计算出第一个网络地址作为该网段的网络地址。目前，未使用的 IP 地址是 172.16.0.0 ~ 172.16.0.255。因此，分配给部门 C 的子网是 172.16.0.0/26。

步骤五：分配其他网段。按照前面的步骤，依次计算出部门 B、部门 A 的子网，如图 8.10 所示。

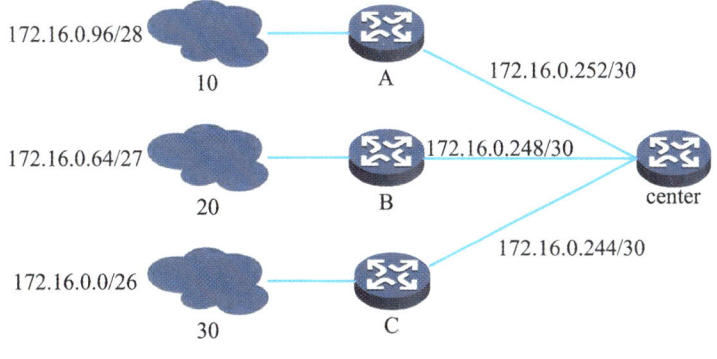

图 8.10 完成所有子网的规划

项目 9　路由基础

9.1　路由表

9.1.1　路由概述

路由器提供了将异构网互联的机制，实现将一个数据包从一个网络发送到另一个网络。路由就是指导数据包发送的路径信息。如图 9.1 所示，路由器 RA 收到数据包后，会根据数据包中的目的 IP 地址从多条路径中选择一条最优的路径，并将数据包转发到选定的下一个路由器 RB，路径上最后的路由器 RD 则负责将数据包送交目的主机。数据包在网络上的传输就好像是体育运动中的接力赛一样，每一个路由器负责将数据包按照最优的路径向下一跳路由器进行转发，通过多个路由器一站一站的接力，最终将数据包通过最优路径转发到目的地。当然有时候由于实施了一些特别的路由策略，数据包通过的路径可能并不一定是最佳的。

路由器能够决定数据报文的转发路径。如果有多条路径可以到达目的地，则路由器会通过进行计算来决定最佳下一跳。计算的原则会随实际使用的路由协议不同而不同。

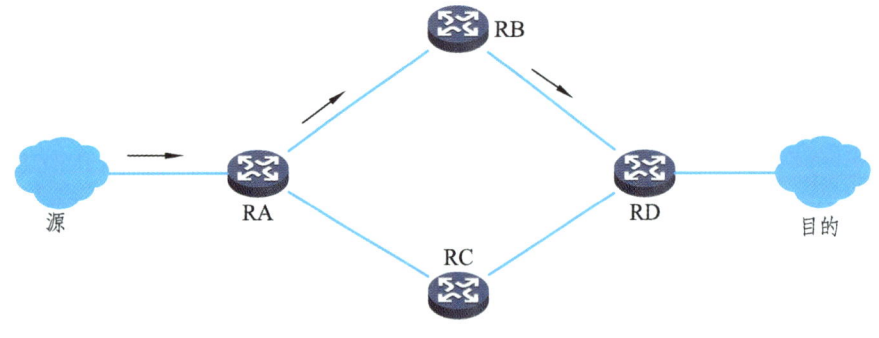

图 9.1　路由的作用

9.1.2　路由表的组成

路由器转发数据包的关键是路由表。每个路由器中都保存着一张路由表，表中每条路由项都指明了数据包要到达某网络或某主机应通过路由器的哪个物理接口发送，以及可到达该路径的下一个路由器网络，或者不再经过别的路由器而直接可以到达目的地。

路由表是由多条路由条目组成的集合，每条路由信息由 3 个核心要素组成：目的地址（Destination）、网络掩码（Mask）、下一跳 IP 地址（NextHop）。除了这 3 个核心要素以外,还有路由条目的来源(Proto)、优先级(Pre)、度量值(Cost)、输出接口(Interface)等控制信息。

目的地址/网络掩码(Destination/Mask):用来标识 IP 数据报文的目的地址或目的网络。将目的地址和网络掩码"逻辑与"后,可得到目的主机或路由器所在网段的地址。例如,目的地址为 172.16.10.1,掩码为 255.255.255.0 的主机或路由器所在网段的网络地址为 172.16.10.0。

输出接口(Interface):指明 IP 包将从该路由器的哪个接口转发出去。

下一跳 IP 地址(NextHop):指明 IP 包所经由的下一个路由器的接口地址。

```
<Router B>display ip routing-table
Route Flags: R - relay, D - download to fib
------------------------------------------------------------
Destination/Mask     Proto    Pre   Cost    Flags   NextHop         Interface
0.0.0.0/0            Static   60    0       RD      100.100.0.2     GigabitEthernet 0/0/1
10.0.0.0/16          OSPF     10    1       D       192.168.0.241   GigabitEthernet 0/0/0
100.100.0.0/29       Direct   0     0       D       100.100.0.1     GigabitEthernet 0/0/1
100.100.0.1/32       Direct   0     0       D       127.0.0.1       GigabitEthernet 0/0/1
100.100.0.7/32       Direct   0     0       D       127.0.0.1       GigabitEthernet 0/0/1
127.0.0.0/8          Direct   0     0       D       127.0.0.1       InLoopBack0
127.0.0.1/32         Direct   0     0       D       127.0.0.1       InLoopBack0
127.255.255.255/32   Direct   0     0       D       127.0.0.1       InLoopBack0
172.16.10.0/24       O_ASE    150   1       D       192.168.0.241   GigabitEthernet 0/0/0
172.16.20.0/24       O_ASE    150   1       D       192.168.0.241   GigabitEthernet 0/0/0
192.168.0.240/30     Direct   0     0       D       192.168.0.242   GigabitEthernet 0/0/0
192.168.0.242/32     Direct   0     0       D       127.0.0.1       GigabitEthernet 0/0/0
```

9.1.3 路由的来源

路由的来源主要有 3 种:直连(Direct)路由、手工配置的静态(Static)路由、动态路由协议(Routing Protocol)发现的路由。

1. 直连路由

路由器接口直接连接的网络的路由信息。当路由器的一个接口被配置了 IP 地址并且该接口处于激活状态(即 UP 状态)时,路由器会自动在其路由表中生成一条对应的直连路由条目。这条路由条目表示的是路由器可以直接访问的网络段,无须任何额外的路由决策或下一跳信息。

如图 9.2 所示,路由器 RA 的 GE0/0/1 配置有 IP 地址 10.0.0.1/24,当该端口处于 UP 状态时,10.0.0.0/24 网段就是 RA 的直连路由;同理,RA 的 GE0/0/2 处于 UP 状态时,该端口配置的 192.168.0.1/24 所在的网段也是该路由器的直连路由。

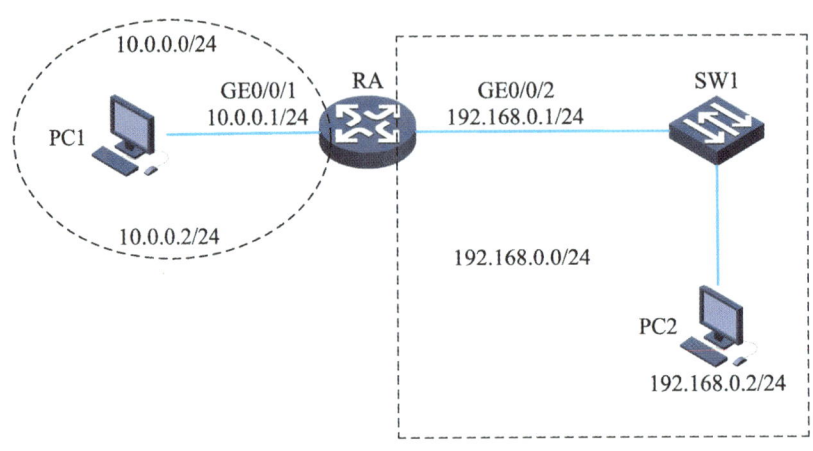

图 9.2　直连路由

2. 静态路由

静态路由是指由管理员手动配置和维护的路由。如图 9.3 所示，RA 到 PC2 的路由是由管理员通过手动配置的方式指定的，RA 就根据手动配置的静态路由将目的地址是 172.16.0.0/24 网段的数据通过 GE0/0/2 接口发往下一跳 192.168.0.2。当 RA 到 RB 的链路出现故障时，RA 也不会将目的地是 PC2 的数据通过 RC 转发。

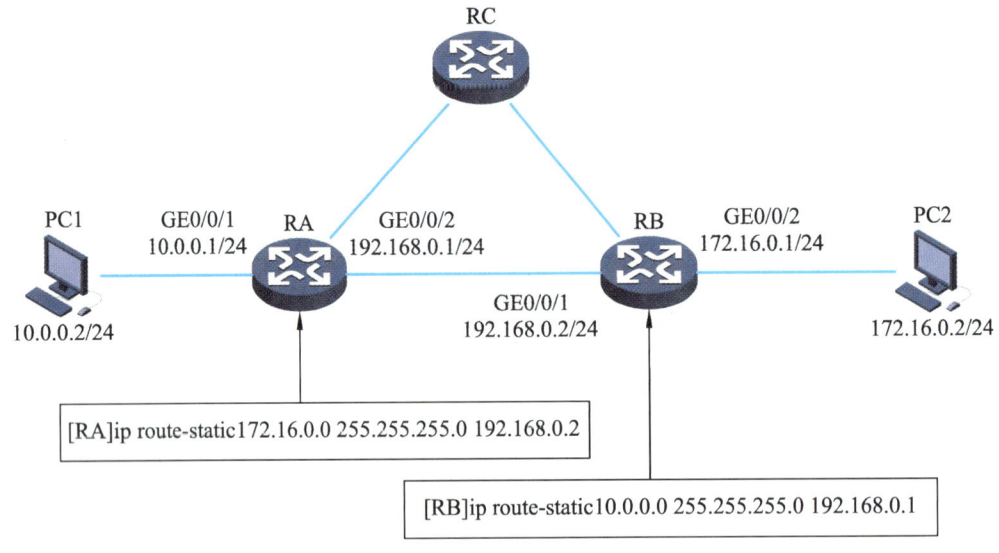

图 9.3　静态路由

静态路由的优点在于简单性和低资源消耗，同时提供了较高的安全性和性能。其缺点是扩展性差，难以管理和缺乏冗余，特别是在网络规模较大或经常变化的情况下，这可能会导致维护成本的增加和网络的不可靠性。因此，静态路由一般适用于拓扑结构简单且稳定的小型网络。

3. 动态路由

动态路由是通过动态路由协议自动学习和更新路由信息，能够在网络状况发生变化时自动更新路由表，从而提高了网络的可靠性和灵活性。动态路由非常适合于大型和复杂的网络环境，因为它可以减轻网络管理员的工作负担，使得网络能够自我适应不断变化的环境。然而，动态路由也有其局限性，如增加了网络的复杂性和开销，尤其是在带宽和计算资源方面。此外，动态路由协议需要周期性的信息交换，这也可能会导致额外的网络流量。

动态路由协议根据作用范围不同，可分为内部网关协议 IGP（包括 RIP、OSPF 和 IS-IS）和外部网关协议 EGP（最常用的是 BGP 协议）。

根据使用算法不同，路由协议可分为距离矢量协议（包括 RIP 和 BGP）和链路状态协议（包括 OSPF 和 IS-IS）。

如图 9.4 所示，172.16.0.0/24 网段与 RB 直连，RB 就会在运行了动态路由协议的接口上向其他路由器发出通告，告诉其他路由器有目的 IP 地址是 172.16.0.0/24 网段的数据就发给自己；RC 收到 RB 发过来的通告后又会向其他路由器发通告，告诉其他路由器它能到达 172.16.0.0/24 网段，如果它收到 172.16.0.0/24 网段的数据，会将它发往 RB；RA 在收到了 RB 和 RC 发来的通告，就会根据对应动态路由协议的算法和通告中的控制信息，计算出 172.16.0.0/24 网段的下一跳地址是 RB 还是 RC。在网络运行中，如果计算出来的路由出现故障，会自动重新计算，从而选择另外一条路由。

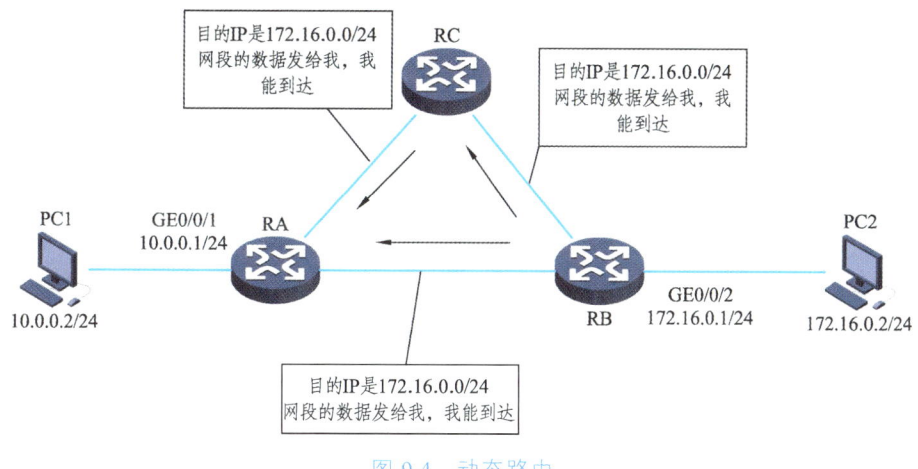

图 9.4 动态路由

9.1.4 路由优先级

路由器可以通过多种不同协议学习到去往同一目的网络的路由，当这些路由都符合最长匹配原则时，就需要根据路由条目的优先级来进行选择。

每个路由协议都有一个协议优先级（取值越小，优先级越高）。例如，华为和新华三（其他厂商优先级有所不同）的网络设备在默认情况下其 RIP 协议优先级是 100，OSPF 协议优先级是 10，OSPF 外部路由优先级是 150，直连路由优先级是 0，静态路由优先级是 60。当有多个路由信息时，选择最高优先级的路由作为最佳路由。

如图 9.5 所示，路由器 RA 分别通过 RIP 协议和 OSPF 协议学习到了网段 10.0.0.0/8 的路由。虽然通过 RIP 协议提供了一条看起来更加直连的路线，但是由于 OSPF 具有更高的优先级，因而 OSPF 协议方向成为优选路由，并被加入路由表中。

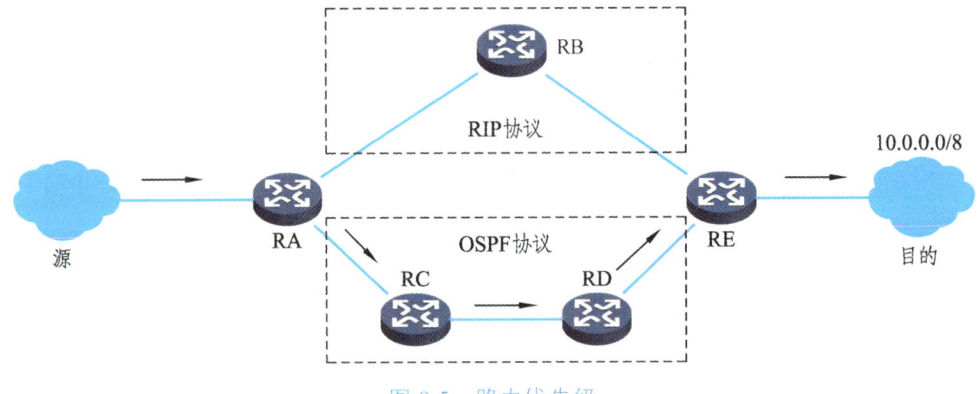

图 9.5 路由优先级

9.1.5 路由度量值

路由度量值（Metric）表示到达这条路由所指目的地址的代价，也称为路由权值。如果路由器无法用优先级来判断最优路由，则使用度量值（metric）来决定需要加入路由表的路由。

不同的路由协议定义的度量值也有所不同，一般会参考跳数、带宽、时延、代价、负载、可靠性等。在同一个路由协议中度量值越小，路由越优先；在不同的路由协议中度量值就没有比较的实际意义了。

如图 9.6 所示，网络使用的是 RIP 协议，因为 RIP 协议是以经过路由器的"跳数"作为度量值，对于 RA，172.16.0.1/24 网段发往 RB 方向的度量值是 1，发往 RC 方向的度量值是 2，因此会选择 RB 作为下一跳。当网络使用 OSPF 协议时，因为 OSPF 协议是以"链路带宽"作为度量值，带宽越大开销（度量值）越小，所以经过的所有链路开销之和就是总的度量值。对于 RA 来说，从 RC 转发开销反而更小，因此会选择 RC 作为下一跳。

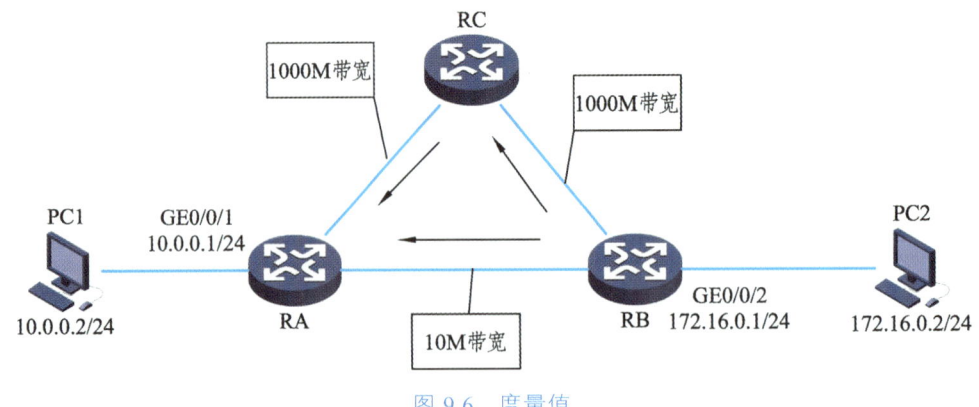

图 9.6 度量值

9.2 路由的基本原理

9.2.1 路由器的工作流程

路由器就是通过匹配路由表里的路由项来实现数据包的转发。如图 9.7 所示，当路由器收到一个数据包时，将数据包的目的 IP 地址提取出来，然后与路由表中路由项包含的目的地址进行比较；如果该地址属于某路由条目中的目的地址网段，则认为与此路由条目匹配；如果没有路由项能够匹配，则丢弃该数据包。

路由器查看所匹配的路由条目的下一跳地址是否在直连链路上，如果在直连链路上，则路由器根据此下一跳转发；如果不在直连链路上，则路由器还需要在路由表中再查找此下一跳地址所匹配的路由条目。

确定了最终的下一跳地址后，路由器将此报文送往对应的接口，接口进行相应的地址解析，解析出此地址所对应的链路层地址，然后对 IP 数据包进行数据封装并转发。

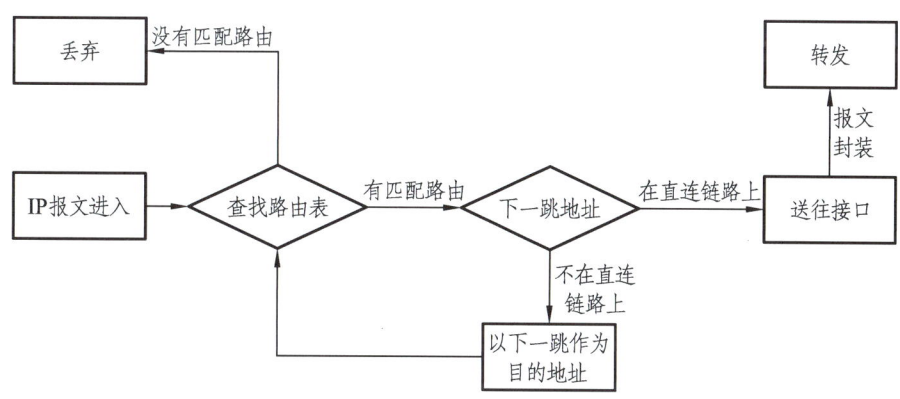

图 9.7 路由器数据转发流程

9.2.2 最长匹配原则

路由器在转发数据时，需要选择路由表中的最优路由。当数据报文到达路由器时，路由器首先提取出报文的目的 IP 地址，然后查找路由表，将报文的目的 IP 地址与路由表中某表项的掩码字段做"与"操作，"与"操作后的结果跟路由表该表项的目的 IP 地址比较，相同则匹配上，否则就没有匹配上。与所有的路由表项都进行匹配后，路由器会选择一个掩码最长的匹配项。

```
------------------------------------------------------------------
Destination/Mask    Proto    Pre    Cost    Flags    NextHop           Interface
10.0.0.0/16         Static   60     0       D        100.100.0.2       GigabitEthernet 0/0/1
10.0.0.0/24         OSPF     10     1       D        192.168.0.241     GigabitEthernet 0/0/0
10.0.0.0/8          RIP      100    3       D        172.16.0.1        GigabitEthernet 0/0/2
```

如上所示，当一个目的 IP 地址是 10.0.0.1 的报文进入路由器时，路由表中的 10.0.0.0/24、10.0.0.0/8、10.0.0.0/16 都可以匹配上该报文，但是下一条和转发端口却完全不一样。在这种情况下，会根据路由条目中掩码的长度来进行匹配，因此 10.0.0.0/24 条目会匹配上，以该条目为依据将报文转发。

9.2.3 缺省路由

缺省路由也称为默认路由，是一种特殊的路由条目。缺省路由是没有在路由表中找到匹配的路由表项时才使用的路由。如果报文的目的地址不能与路由表的任何目的地址相匹配，那么该报文将选取缺省路由进行转发。如果没有缺省路由且报文的目的地址不在路由表中，那么该报文将被丢弃，并向源端返回一个 ICMP（Internet Control Message Protocol）报文，报告该目的地址或网络不可达。在路由表中，缺省路由的目的网络地址为 0.0.0.0，掩码也为 0.0.0.0。

缺省路由可以在静态路由或动态路由协议中配置。在静态路由中，网络管理员手动配置缺省路由。在动态路由协议中，路由器也可以通过协议自动学习缺省路由。

如图 9.8 所示，在 RA 的路由表中，发送到 PC1、PC2、PC3 网段的数据，只需要有一条 0.0.0.0 的缺省路由即可，这样就极大地减少了 RA 路由表中的路由条目。

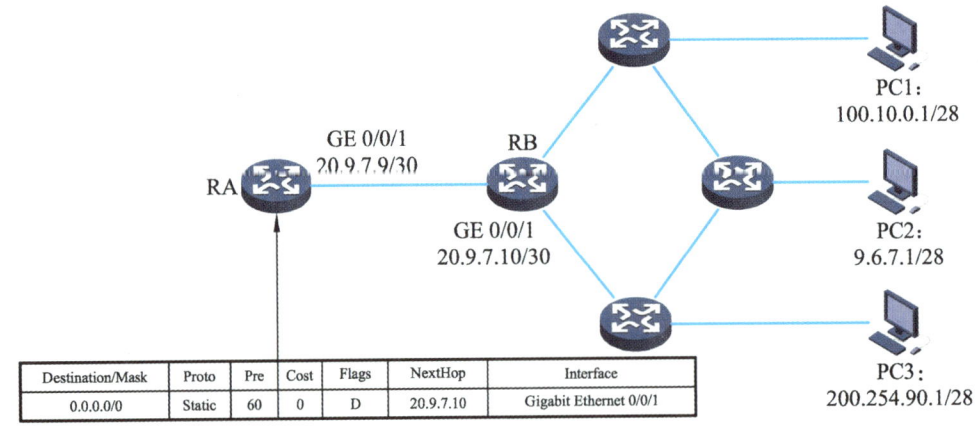

图 9.8 缺省路由

缺省路由对于互联网接入尤为重要，因为它允许网络设备将所有非本地流量转发到适当的出口点。在很多情况下，尤其是家庭网络或小型企业网络中，通常只有一个缺省路由指向 ISP（Internet Service Provider）提供的路由器或网关。

项目 10　直连路由和静态路由

对于路由器而言,最基础的路由是直连路由。直连路由无须任何路由配置,即可获得其直连网段的路由。路由器最初始的功能就是为若干局域网直接提供路由功能。在交换机组成的二层网络中,隔离广播域使用的是 VLAN,一个 VLAN 就是一个虚拟局域网,VLAN 之间要通信是无法通过二层实现的,这时就需要运用到路由器。

10.1　VLAN 间路由

10.1.1　普通 VLAN 间路由

普通 VLAN 间路由是在路由器上为每个 VLAN 分配一个单独的接口,并使用一条物理链路连接到二层交换机上。当 VLAN 间的主机需要通信时,数据会经由路由器进行三层路由转发,并被转发到目的 VLAN 内的主机,这样就可以实现 VLAN 之间的相互通信。如图 10.1 所示,PC1 和 PC2 分别在两个不同的 VLAN 中,如果要实现两个网络的通信,就需要通过 RA 这台路由器。RA 为每个 VLAN 分配一条物理链路,并且在物理端口上配置独立的接口地址,该接口 IP 地址作为对应 VLAN 的网关地址。

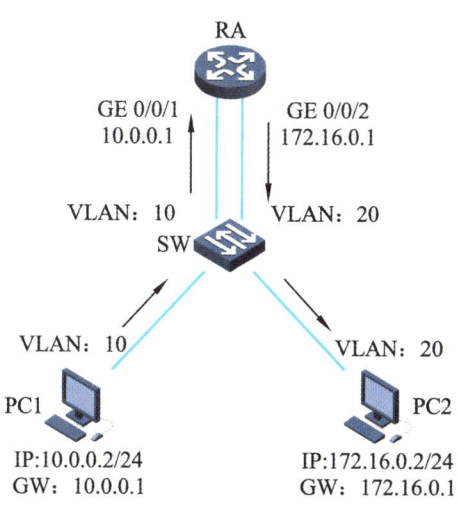

图 10.1　普通 VLAN 间路由

通过在路由器上使用多个物理接口实现 VLAN 间的路由，并且这种解决方案简单、直观，配置也很简单，出现故障后能很快进行故障排查。但是每增加一个 VLAN，路由器和交换机之间就需要增加一条物理链路。随着每个交换机上 VLAN 数量的增加，必然需要大量的路由器接口，而路由器的接口数量是极其有限的，并且某些 VLAN 之间的主机可能不需要频繁进行通信，如果这样配置的话，会导致路由器的接口利用率很低。因此，实际应用中一般不会采用这种方案来解决 VLAN 间的通信问题。

10.1.2 配置示例

某公司采购了一批设备，这批设备调试需要使用 10.0.0.0/24 网段的 IP，公司日常办公网络采用的是 172.16.0.0/24 网段，设备已经连接到公司办公网络使用的二层交换机，目前二层交换机还有大量的空余端口，公司还有一台闲置很多年的旧路由器，希望能通过简单的改造实现使用办公网络对设备的调试。

1. 配置思路

（1）由于新设备和办公网络属于两个不同的网络，所以在交换机上分别属于不同的 VLAN。

（2）新设备与办公网络不属于同一网段，所以只使用二层交换机已经无法实现要求，在不影响现网的情况下，通过增加一台路由器实现 VLAN 间的通信是一个很好的解决方案。

（3）因为二层交换机还有大量的空余端口，并且路由器资源受限，所以可以采用普通 VLAN 间路由的方案实现。

2. 拓扑图规划

普通 VLAN 间的路由组网如图 10.2 所示。

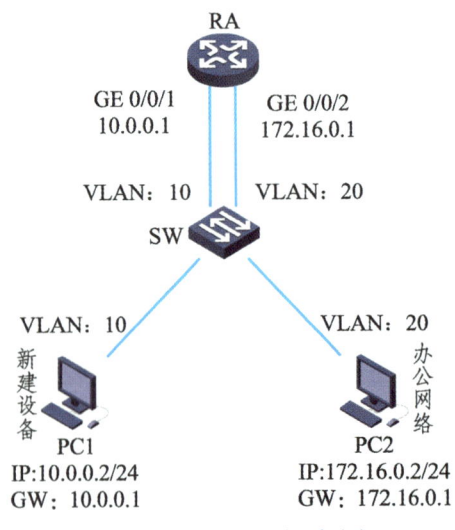

图 10.2　普通 VLAN 间路由组网

3. 数据规划

根据网络拓扑图和需求分析，完成网络数据的规划，见表 10.1。

表 10.1　数据规划

设备名称	端口	接口类型	VID	PVID	IP 地址	描述	备注
PC1	Ethernet0/0/1				10.0.0.2/24	To SW	
PC2	Ethernet0/0/1				172.16.0.2/24	To SW	
SW	Ethernet0/0/1	Access	10	10		To PC1	
SW	Ethernet0/0/2	Access	20	20		To PC2	
SW	Ethernet0/0/3	Access	10	10		To RA	
SW	Ethernet0/0/4	Access	20	20		To RA	
RA	GE0/0/1				10.0.0.1/24	To SW	
RA	GE0/0/2				172.16.0.1/24	To SW	

4. 配置步骤

步骤一：在 SW 上完成基础数据配置，执行命令如下：

```
<Huawei>system-view
[Huawei]sysname SW
[SW]vlan batch 10 20                              //创建 VLAN
[SW]interface Etherne0/0/1                        //配置 Etherne0/0/1 接口的 VLAN
[SW-Ethernet0/0/1]port link-type access
[SW-Ethernet0/0/1]port default vlan 10
[SW-Ethernet0/0/1]interface Ethernet0/0/2         //配置 Etherne0/0/2 接口的 VLAN
[SW-Ethernet0/0/2]port link-type access
[SW-Ethernet0/0/2]port default vlan 20
[SW-Ethernet0/0/2]interface Ethernet0/0/3         //配置 Etherne0/0/3 接口的 VLAN
[SW-Ethernet0/0/3]port link-type access
[SW-Ethernet0/0/3]port default vlan 10
[SW-Ethernet0/0/3]interface Ethernet0/0/4         //配置 Etherne0/0/4 接口的 VLAN
[SW-Ethernet0/0/4]port link-type access
[SW-Ethernet0/0/4]port default vlan 20
```

步骤二：在 RA 上完成基础数据配置，执行命令如下：

```
<Huawei>system-view
[Huawei]sysname RA
[RA]interface GigabitEthernet 0/0/1               //配置 GE 0/0/1 接口的 IP 地址
[RA-GigabitEthernet0/0/1]ip address 10.0.0.1 24
[RA-GigabitEthernet0/0/1]interface GigabitEthernet 0/0/2  //配置 GE 0/0/2 接口的 IP 地址
[RA-GigabitEthernet0/0/2]ip address 172.16.0.1 24
```

5. 查询配置结果

步骤一：查看 RA 的路由表状态（命令：display ip routing-table），执行命令如下：

```
[RA]display ip routing-table
Destination/Mask    Proto   Pre  Cost    Flags  NextHop      Interface
10.0.0.0/24         Direct  0    0       D      10.0.0.1     GigabitEthernet 0/0/1
10.0.0.1/32         Direct  0    0       D      127.0.0.1    GigabitEthernet 0/0/1
10.0.0.255/32       Direct  0    0       D      127.0.0.1    GigabitEthernet 0/0/1
127.0.0.0/8         Direct  0    0       D      127.0.0.1    InLoopBack0
127.0.0.1/32        Direct  0    0       D      127.0.0.1    InLoopBack0
127.255.255.255/32  Direct  0    0       D      127.0.0.1    InLoopBack0
172.16.0.0/24       Direct  0    0       D      172.16.0.1   GigabitEthernet 0/0/2
172.16.0.1/32       Direct  0    0       D      127.0.0.1    GigabitEthernet 0/0/2
172.16.0.255/32     Direct  0    0       D      127.0.0.1    GigabitEthernet 0/0/2
255.255.255.255/32  Direct  0    0       D      127.0.0.1    InLoopBack0
```

步骤二：查看交换机的端口 VLAN 配置信息（命令：display port vlan），执行命令如下：

```
<SW>display port vlan
Port              Link Type    PVID    Trunk VLAN List
Ethernet0/0/1     access       10      -
Ethernet0/0/2     access       20      -
Ethernet0/0/3     access       10      -
Ethernet0/0/4     access       20      -
Ethernet0/0/5     hybrid       1       -
Ethernet0/0/6     hybrid       1       -
```

步骤三：PC1 和 PC2 之间能够互 ping 成功。

10.1.3 单臂路由

为了避免物理端口和线缆的浪费，简化连接方式，可以使用 802.1Q 封装技术和子接口，通过一条物理链路实现 VLAN 间路由。这种方式也被形象地称为"单臂路由"。

在交换机上，把连接到路由器的端口配置成 Trunk 类型的端口，并允许相关 VLAN 的帧都通过。在路由器上需要创建子接口，从逻辑上把连接路由器的物理链路分成多条逻辑链路。一个子接口代表一条归属于某个 VLAN 的逻辑链路。如图 10.3 所示，在图

10.1 的基础上，SW 与路由器 RA 连接的接口配置成 Trunk 类型的端口，路由器 RA 只使用了 GE 0/0/1 这一个物理端口，在路由器 RA 上使用 GE 0/0/1.1 和 GE 0/0/1.2 两个逻辑子接口，分别代表归属于 VLAN 10 和 VLAN 20 的逻辑链路。在两个子接口上分别配置属于对应网络的 IP 地址作为网关。

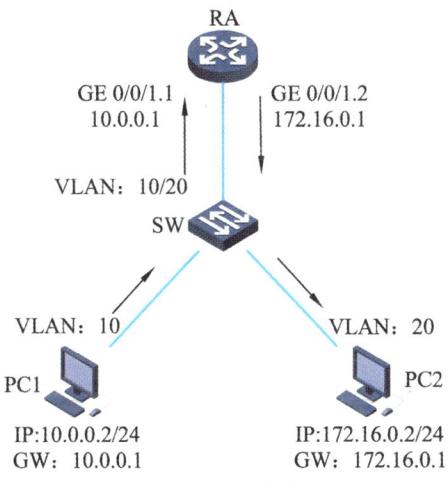

图 10.3　单臂路由

与普通 VLAN 间路由相比，单臂路由节省了路由器的物理端口，大大地节省了组网成本，易于对网络进行扩展。但是也存在一条物理链路故障则多个网络同时故障的问题，在高流量环境下，单臂路由可能会成为网络的性能瓶颈。

10.1.4　配置示例

某公司采购了一批设备，这批设备调试需要使用 10.0.0.0/24 网段的 IP，公司日常办公网络采用的是 172.16.0.0/24 网段，在前期已经通过普通 VLAN 间路由的方式实现了使用办公网络对设备的调试。但是由于公司的发展，交换机的接口数量已经非常紧张，希望能够在现有的网络基础上通过改造，减少交换机接口的使用，并且为以后的新设备预留资源。

1. 配置思路

（1）前期为了节省端口资源，已经使用了普通 VLAN 间路由的方式，相比之下，采用单臂路由是一个比较好的方案。

（2）交换机连接路由器的接口需要更改成 Trunk 接口。

（3）需要在路由器上为每个 VLAN 分配一个逻辑子接口。

（4）需要在每个子接口上配置 802.1Q 封装技术，来剥掉和添加 VLAN Tag，从而实现 VLAN 间互通。

（5）在路由器上必须为每个子接口分配一个 IP 地址。该 IP 地址与子接口所属 VLAN 位于同一网段。

（6）如果采用华为路由器，还需要在子接口上执行命令 arp broadcast enable 使子接口具有 ARP 广播功能。

2. 拓扑图规划

单臂路由改造如图 10.4 所示。

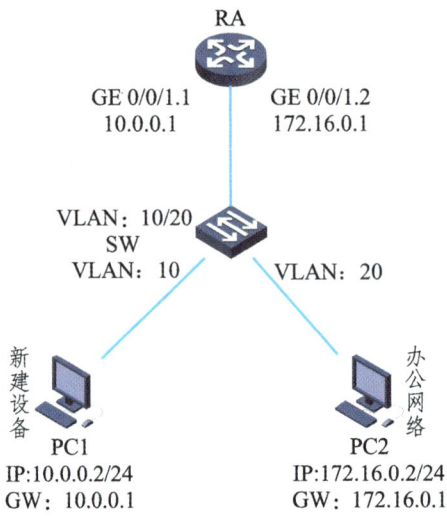

图 10.4　单臂路由改造

3. 数据规划

根据网络拓扑图和需求分析，完成网络数据的规划，见表 10.2。

表 10.2　数据规划

设备名称	端口	接口类型	VID	IP 地址	描述	备注
PC1	Ethernet0/0/1			10.0.0.2/24	To SW	
PC2	Ethernet0/0/1			172.16.0.2/24	To SW	
SW	Ethernet0/0/1	Access	10		To PC1	
SW	Ethernet0/0/2	Access	20		To PC2	
SW	Ethernet0/0/3	Trunk	10		To RA	
RA	GE 0/0/1.1		10	10.0.0.1/24	To SW	
RA	GE 0/0/1.2		20	172.16.0.1/24	To SW	

4. 配置步骤

（1）删除需要修改的数据并修改交换机数据配置步骤：

步骤一：在 SW 上修改 Eth 0/0/3 的 VLAN 数据，执行命令如下：

```
[SW]Ethernet0/0/3
[SW-Ethernet0/0/3]port default vlan 1          //将原来Access接口的vlan改成默认vlan 1
[SW-Ethernet0/0/3]port link-type trunk         //将接口类型改成Trunk接口
[SW-Ethernet0/0/3]port trunk allow-pass vlan 10 20     //允许对应的vlan通过
```

步骤二：在RA上删除原有的数据配置，执行命令如下：

```
[RA]interface GigabitEthernet 0/0/1
[RA-GigabitEthernet0/0/1]undo ip address 10.0.0.1 24    //删除GE 0/0/1接口的IP地址
[RA-GigabitEthernet0/0/1]interface GigabitEthernet 0/0/2
[RA-GigabitEthernet0/0/2]undo ip address 172.16.0.1 24  //删除GE 0/0/2接口的IP地址
```

（2）单臂路由数据配置步骤：

步骤一：在RA上创建并进入逻辑子接口（命令：interface{interface-type interface-number}），执行命令如下：

```
[RA]interface GigabitEthernet 0/0/1.1
```

步骤二：按照数据规划表配置子接口GE 0/0/1.1对Tag报文的终结功能（命令：**dot1q termination vid** {vid}），执行命令如下：

```
[RA-GigabitEthernet0/0/1.1]dot1q termination vid 10
```

📖 配置说明

"vid"需要根据二层交换机的VLAN确定，两边需要保持一致。

步骤三：配置子接口GE 0/0/1.1的IP地址（命令：**ip address** {ip-address} {mask/mask-length}），执行命令如下：

```
[RA-GigabitEthernet0/0/1.1]ip address 10.0.0.1 24
```

步骤四：开启子接口GE 0/0/1.1的ARP广播功能，（命令：**arp broadcast enable**），执行命令如下：

```
[RA-GigabitEthernet0/0/1.1]arp broadcast enable
```

步骤五：参照子接口GE 0/0/1.1的配置方式完成子接口GE 0/0/1.2的配置，执行命令如下：

```
[RA-GigabitEthernet0/0/1.1]interface GigabitEthernet0/0/1.2
[RA-GigabitEthernet0/0/1.2]dot1q termination vid 20
[RA-GigabitEthernet0/0/1.2]ip address 172.16.0.1 24
[RA-GigabitEthernet0/0/1.2]arp broadcast enable
```

5. 查询配置结果

步骤一：查看 RA 的路由表状态（命令：**display ip routing-table**），执行命令如下：

```
[RA]display ip routing-table
Destination/Mask      Proto   Pre  Cost   Flags  NextHop      Interface
10.0.0.0/24           Direct  0    0      D      10.0.0.1     GigabitEthernet 0/0/1.1
10.0.0.1/32           Direct  0    0      D      127.0.0.1    GigabitEthernet 0/0/1.1
10.0.0.255/32         Direct  0    0      D      127.0.0.1    GigabitEthernet 0/0/1.1
127.0.0.0/8           Direct  0    0      D      127.0.0.1    InLoopBack0
127.0.0.1/32          Direct  0    0      D      127.0.0.1    InLoopBack0
127.255.255.255/32    Direct  0    0      D      127.0.0.1    InLoopBack0
172.16.0.0/24         Direct  0    0      D      172.16.0.1   GigabitEthernet 0/0/1.2
172.16.0.1/32         Direct  0    0      D      127.0.0.1    GigabitEthernet 0/0/1.2
172.16.0.255/32       Direct  0    0      D      127.0.0.1    GigabitEthernet 0/0/1.2
255.255.255.255/32    Direct  0    0      D      127.0.0.1    InLoopBack0
```

步骤二：PC1 和 PC2 之间能够互 ping 成功。

6. 常用命令汇总

VLAN 配置中常用命令见表 10.3。

表 10.3 常用命令

命令名称	命令	说明
进入接口视图	**interface** {interface-type interface-number}	必选
配置子接口对一层 Tag 报文的终结功能	**dot1q termination vid** {vid}	必选
配置子接口 IP 地址	**ip address** {ip-address} {mask /mask-length}	必选
开启子接口的 ARP 广播功能	**arp broadcast enable**	必选
配置端口描述信息	**description** {description}	可选
查看路由信息	**display ip routing-table**	可选
查看设备配置数据	**display current-configuration**	可选

10.1.5 三层交换机

三层交换机（Layer 3 Switch）是一种能够在第二层（数据链路层）和第三层（网络层）之间操作的网络设备。与传统的二层交换机相比，三层交换机为每个 VLAN 创建一个虚拟的三层 VLANIF 接口，这个接口像路由器接口一样工作。只需为每个 VLANIF 接口配置相应的 IP 地址，即可实现 VLAN 间路由的功能。如图 10.5 所示，在三层交换机 SW 上创建 VLANIF 10 和 VLANIF 20 两个 VLANIF 接口，并且分别为两个 VLANIF 接口配置相应的 IP 地址作为各自网络的网关即可实现 VLAN 间的路由。

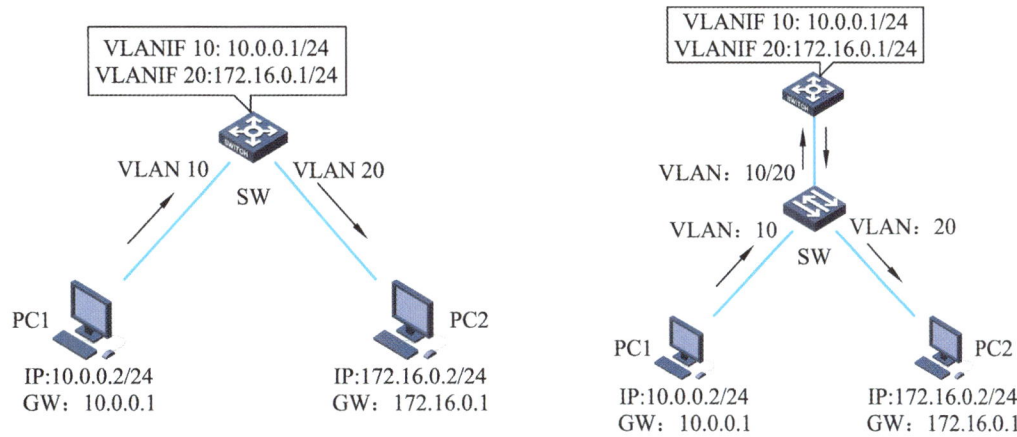

图 10.5 三层交换机

三层交换机不仅可以基于 MAC 地址进行帧的转发，还可以基于 IP 地址进行数据包的路由。这使得三层交换机能够在内部网络中实现 VLAN 间的路由，而无须额外的路由器设备。并且三层交换机是通过内置的三层路由转发引擎在 VLAN 间进行路由转发，是由硬件实现的三层路由转发，引擎速度高，吞吐量大，同时避免了外部物理连接带来的延迟和不稳定性，因此三层交换机的路由转发性能是高于通过路由器实现的 VLAN 间路由的。

10.2 静态路由

10.2.1 静态路由简介

静态路由是由网络管理员手动配置的一种路由方式，与动态路由协议自动发现并更新路由信息不同，静态路由不依赖于网络中的路由协议来自动学习和更新路由信息，而是通过手动配置来定义网络中的路由。在静态路由中，管理员需要明确指定目的网络的下一跳路由器或出口接口。当数据包到达路由器时，它会根据预先配置的静态路由表来决定将数据包转发到哪个出口。

静态路由是一种简单且可靠的路由方法，并且无须像动态路由那样占用路由器的 CPU 资源来计算和分析路由更新，适用于小型网络或网络拓扑相对稳定不经常变动的情况。然而，静态路由的缺点是需要手动配置和维护路由表，当网络发生变化时，管理员需要手动更新路由表以适应新的网络拓扑。这对于大型复杂网络来说可能是一项繁重的任务，因此在这些情况下，动态路由协议更常见，因为它们可以自动学习和适应网络变化。不过，即使是在复杂网络环境中，合理地配置一些静态路由也可以改进网络的性能。

10.2.2 用静态路由实现浮动路由

当源网络和目的网络之间存在多条链路时，可以通过静态路由优先级（preference）进行配置实现路由的备份和负载分担。如果优先级相同，则可以实现负载分担。如果优先级不同，则可以实现路由备份。如图 10.6 所示，对于路由器 RA 而言，目的 IP 是 172.16.0.2/24 网段的数据从 RB、RC、RD 均可以到达，通过将下一跳是 RB 和下一跳是 RC 的静态路由优先级修改为 10，则两条路由就能实现负载分担，数据将均匀地从两条路由发送。如果将下一跳是 RD 的静态路由优先级修改成 15，则通过 RD 到达 PC2 的路由成为备份路由，当另外两条路由出现故障时，数据就从该路由进行传送。

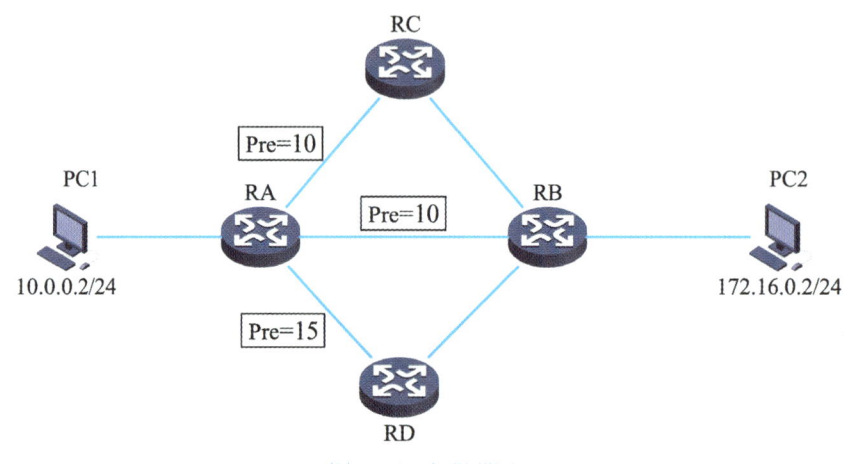

图 10.6 浮动路由

10.3 配置示例

如图 10.4 所示，某公司在前期已经通过单臂路由建立了小型企业网络，随着业务的扩大，该公司在原来的办公楼旁边建了一个研发中心，研发中心因为工作需要使用的网段是 192.168.0.0/24。搭建一个网络，实现办公楼和研发中心的互通。

1. 配置思路

（1）研发中心和办公楼不在同一个地方，因此需要在研发中心增加网络设备。

（2）通过图 10.4 所知，该公司目前已经使用了 10.0.0.0/24 和 172.16.0.0/24 两个网络，新增加一个 192.168.0.0/24 网络，所以研发中心最好增加路由器或三层交换机。

（3）因为该公司网络结构并不复杂，所以研发中心和办公楼之间采用静态路由即可。

2. 拓扑图规划

根据网络需求规划网络拓扑图，如图 10.7 所示。

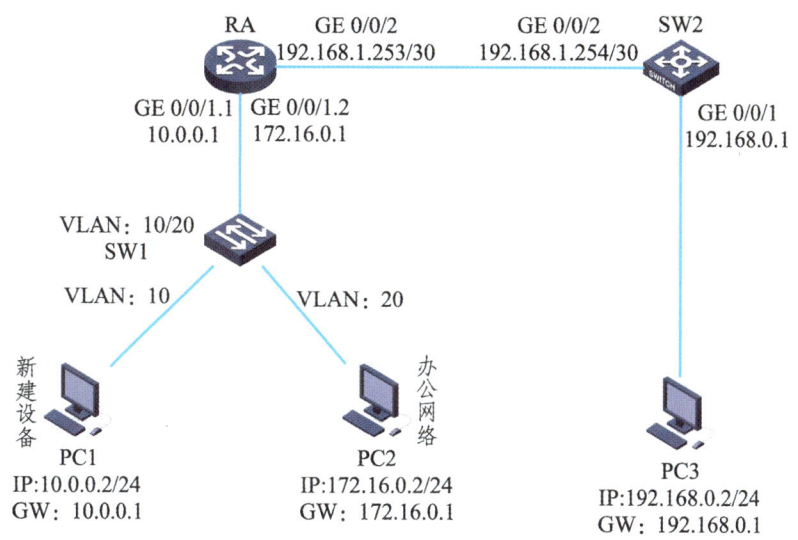

图 10.7 静态路由示例

3. 数据规划

根据网络拓扑图和需求分析,完成网络数据的规划,见表 10.4。

表 10.4 数据规划

设备名称	端口	接口类型	VID	IP 地址	描述	备注
PC1	Ethernet0/0/1			10.0.0.2/24	To SW1	
PC2	Ethernet0/0/1			172.16.0.2/24	To SW1	
PC3	Ethernet0/0/1			192.168.0.2/24	To SW2	
SW1	Ethernet0/0/1	Access	10		To PC1	
SW1	Ethernet0/0/2	Access	20		To PC2	
SW1	Ethernet0/0/3	Trunk	10		To RA	
RA	GE 0/0/1.1		10	10.0.0.1/24	To SW1	
RA	GE 0/0/1.2		20	172.16.0.1/24	To SW1	
RA	GE 0/0/2			192.168.1.253/30	To SW2	
SW2	GE 0/0/2	Access	30	192.168.1.254/30	To RA	
SW2	GE 0/0/1	Access	40	192.168.0.1/24	To PC3	

4. 配置步骤

(1)三层交换机基础数据配置步骤:

步骤一:在 SW2 上配置二层 VLAN 数据,执行命令如下:

```
<Huawei>system-view
[Huawei]sysname SW2
[SW2]vlan batch 30 40
[SW2]interface GigabitEthernet 0/0/1
[SW2-GigabitEthernet0/0/1]port link-type access
[SW2-GigabitEthernet0/0/1]port default vlan 30
SW2-GigabitEthernet0/0/1]interface GigabitEthernet 0/0/2
[SW2-GigabitEthernet0/0/2]port link-type access
[SW2-GigabitEthernet0/0/2]port default vlan 40
```

步骤二：在 SW2 上配置 VLANIF 接口数据，执行命令如下：

```
[SW2]interface Vlanif 30                        //创建并进入 vlanif 接口
[SW2-Vlanif30]ip address 192.168.0.1 24         //为 vlanif 接口配置 IP 地址
[SW2-Vlanif30]interface Vlanif 40
[SW2-Vlanif40]ip address 192.168.1.254 30
```

（2）路由器基础数据配置步骤：

步骤一：保留 RA 原有的单臂路由数据，在此基础上只需要增加连接 SW2 的接口即可，执行命令如下：

```
[RA]interface GigabitEthernet 0/0/2
[RA-GigabitEthernet0/0/2]ip address 192.168.1.253 30
```

（3）静态路由数据配置步骤：

步骤二：在 RA 添加到 PC3 的静态路由（命令：**ip router-static** {ip-address} {mask/mask-length} {nexthop-address/interface-type interface-number} [**preference** { preference }]），执行命令如下：

```
[RA]ip route-static 192.168.0.0 24 192.168.1.254       //配置到 PC3 的静态路由
```

 配置说明

① "ip-address" 表示目的 IP 地址，部分厂商的设备只能使用网络地址。

② "mask/mask-length" 表示目的网段对应的掩码/掩码长度。

③ "nexthop-address" 表示转发的下一跳地址，当下一跳是 IP 地址时，IP 地址是路由器根据当前路由表可达的 IP 地址，通常是下一个路由器的接口地址。

④ 下一跳除了是下一个路由器的 IP 地址，也可以使用本路由器的转发端口实现。

⑤ "preference" 表示优先级，在使用浮动静态路由时会使用到该参数。

⑥ 默认路由：目的 IP 地址 "0.0.0.0"，掩码 "0.0.0.0"；表示当路由表中与数据包的目标地址之间没有匹配的表项时，路由器能够作出的选择。

步骤二：在 SW2 配置反向静态路由，执行命令如下：

```
[SW2]ip route-static 10.0.0.0 24 192.168.1.253    //配置到 PC1 的反向静态路由
[SW2]ip route-static 172.16.0.0 24 192.168.1.253 //配置到 PC2 的反向静态路由
```

📖 配置说明

路由是双向的，需要有发送到对端的路由，同时也要有返回的路由。

5. 查询配置结果

步骤一：查看 SW2 的路由表状态（命令：**display ip routing-table**），执行命令如下：

```
[SW2]display ip routing-table
Destination/Mask    Proto    Pre  Cost    Flags    NextHop          Interface
     10.0.0.0/24    Static   60   0       RD       192.168.1.253    Vlanif40
   127.0.0.0/8      Direct   0    0       D        127.0.0.1        InLoopBack0
   127.0.0.1/32     Direct   0    0       D        127.0.0.1        InLoopBack0
   172.16.0.0/24    Static   60   0       RD       192.168.1.253    Vlanif40
 192.168.0.0/24     Direct   0    0       D        192.168.0.1      Vlanif30
 192.168.0.1/32     Direct   0    0       D        127.0.0.1        Vlanif30
 192.168.1.252/30   Direct   0    0       D        192.168.1.254    Vlanif40
 192.168.1.254/32   Direct   0    0       D        127.0.0.1        Vlanif40
```

步骤二：查看 RA 的路由表状态（命令：**display ip routing-table**），执行命令如下：

```
[RA]display ip routing-table
Destination/Mask     Proto    Pre  Cost    Flags   NextHop          Interface
10.0.0.0/24          Direct   0    0       D       10.0.0.1         GigabitEthernet 0/0/1.1
10.0.0.1/32          Direct   0    0       D       127.0.0.1        GigabitEthernet 0/0/1.1
10.0.0.255/32        Direct   0    0       D       127.0.0.1        GigabitEthernet 0/0/1.1
127.0.0.0/8          Direct   0    0       D       127.0.0.1        InLoopBack0
127.0.0.1/32         Direct   0    0       D       127.0.0.1        InLoopBack0
127.255.255.255/32   Direct   0    0       D       127.0.0.1        InLoopBack0
172.16.0.0/24        Direct   0    0       D       172.16.0.1       GigabitEthernet 0/0/1.2
172.16.0.1/32        Direct   0    0       D       127.0.0.1        GigabitEthernet 0/0/1.2
172.16.0.255/32      Direct   0    0       D       127.0.0.1        GigabitEthernet 0/0/1.2
192.168.0.0/24       Static   60   0       RD      192.168.1.254    GigabitEthernet 0/0/2
192.168.1.252/30     Direct   0    0       D       192.168.1.253    GigabitEthernet 0/0/2
192.168.1.253/32     Direct   0    0       D       127.0.0.1        GigabitEthernet 0/0/2
192.168.1.255/32     Direct   0    0       D       127.0.0.1        GigabitEthernet 0/0/2
255.255.255.255/32   Direct   0    0       D       127.0.0.1        InLoopBack0
```

步骤三：PC1、PC2 和 PC3 之间能够互 ping。

6. 常用命令汇总

VLAN 配置中常用的命令见表 10.5。

表 10.5　常用命令

命令名称	命令	说明
创建并进入 VLANIF 接口	**interface vlanif** {vlan-id}	三层交换机必选
配置接口 IP 地址	**ip address** {ip-address} {mask /mask-length }	必选
配置静态路由	**ip route-static** {dest-address} { mask | mask-length } {gateway-address | interface-type interface-name } [**preference** preference-value]	必选
配置端口描述信息	**description** {description}	可选
查看路由信息	**display ip routing-table**	可选
查看设备配置数据	**display current-configuration**	可选

项目 11　RIP 协议

RIP（Routing Information Protocol，路由信息协议）是一种较为简单的内部网关协议（Interior Gateway Protocol）。它基于距离矢量（Distance-Vector）算法。最初的 RIP 协议开发时间较早，所以在带宽、配置和管理方面要求也较低，因此 RIP 主要适用于规模较小的网络。

11.1　RIP 协议的工作原理

11.1.1　RIP 的工作原理

如图 11.1 所示，在路由器 RD 启动时，路由表中只会包含直连路由。运行 RIP 之后，路由器会在接口上向其他路由器（RC 和 RA）广播发送 Request 报文，用来请求邻居路由器的 RIP 路由。运行 RIP 的邻居路由器收到该 Request 报文后，会根据自己的路由表，生成 Response 报文进行广播回复。路由器 RD 在收到 Response 报文后，会将相应的路由添加到自己的路由表中。其他路由器也是以相同的方式向邻居路由器请求 RIP 路由。

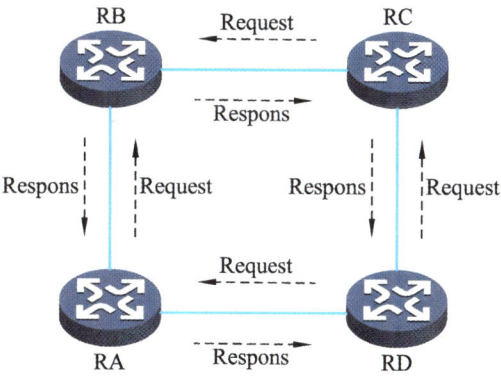

图 11.1　RIP 协议启动

在 RIP 网络稳定以后，每个路由器会周期性地向邻居路由器通告自己的整张路由表中的路由信息，默认周期为 30 s。邻居路由器根据收到的路由信息刷新自己的路由表。

11.1.2　RIP 的度量值

RIP 协议是使用跳数作为度量值来衡量到达目的网络的距离。在 RIP 中，路由器到与它直接相连网络的跳数为 0，每经过一个路由器后跳数加 1。为限制收敛时间，RIP 规定跳数的取值范围为 0~15 的整数，大于 15 的跳数被定义为无穷大，即目的网络或主机不可达。如图 11.2 所示，路由器 RD 有一个直连路由 172.16.0.0 网络，因此在 RD 的路由表中，该网络的度量值是 0，路由器 RD 以 30 s 为周期向相邻路由器广播自己的路由表；RC 经过了 1 台路由器，因此 RC 的度量值是 1；同样，路由器 RB 经过了 2 台路由器，所以 RB 的度量值是 2；路由器 RA 经过了 3 台路由器，RA 的度量值是 3。

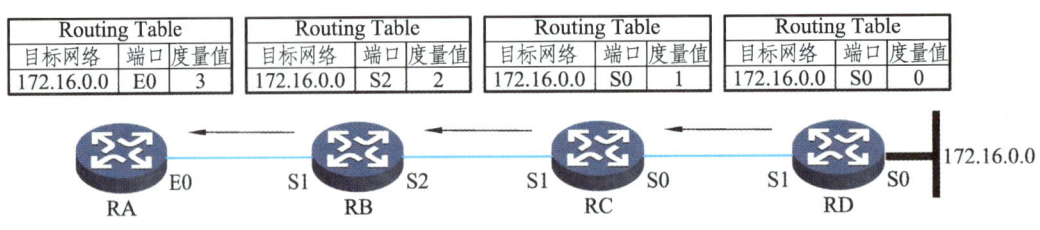

图 11.2　RIP 度量值

11.1.3　RIP 的更新

当路由器从某一邻居路由器收到路由更新报文时，将根据以下原则更新本路由器的 RIP 路由表。

（1）对于本路由表中已有的路由项，当该路由项的下一跳是该邻居路由器时，不论度量值将增大或是减少，都更新该路由项（度量值相同时只将其老化定时器清零。路由表中的每一路由项都对应了一个老化定时器，当路由项在 180 s 内没有任何更新时，定时器超时，该路由项的度量值变为不可达）。

（2）当该路由项的下一跳不是该邻居路由器时，如果度量值减少，则更新该路由项。

（3）对于本路由表中不存在的路由项，如果度量值小于 16，则在路由表中增加该路由项。某路由项的度量值变为不可达后，该路由会在 Response 报文中发布 4 次（120 s），然后从路由表中清除。

11.1.4　RIPv1 和 RIPv2 的区别

RIP 包括 RIPv1 和 RIPv2 两个版本。RIPv2 对早期使用的 RIPv1 进行了扩充，增加了新的功能，见表 11.1。

表 11.1　RIPv1 与 RIPv2 的区别

版本	可变长子网掩码（VLSM）	路由聚合	无类别域间路由（CIDR）	认证方式	传送方式	更新方式
RIPv1	不支持	不支持	不支持	不支持认证	广播	定期更新
RIPv2	支持	支持	支持	明文认证/MD5 密文认证	广播/组播	定期更新/触发更新

RIPv1 为有类别路由协议，不支持 VLSM 和 CIDR。后推出的 RIPv2 为无类别路由协议，支持 VLSM，支持路由聚合与 CIDR。在报文发送方式上，RIPv1 使用广播发送报文；RIPv2 有两种发送方式：广播方式和组播方式（缺省是组播方式）。RIPv2 的组播地址为 224.0.0.9。组播发送报文的好处是在同一网络中那些没有运行 RIP 的网段可以避免接收 RIP 的广播报文；另外，组播发送报文还可以使运行 RIPv1 的网段避免错误地接收和处理 RIPv2 中带有子网掩码的路由信息。RIPv1 不支持认证功能，缺乏安全性措施；RIPv2 支持明文认证和 MD5 密文认证，增加了安全性，使得未经授权的路由器难以加入网络。RIPv1 只支持定期（默认 30 s）更新；RIPv2 除了定期更新以外，还支持触发更新，当网络发生重大变化时，可以立即发送更新，从而加快收敛速度。

11.1.5　RIP 报文格式

RIP 协议通过 UDP 交换路由信息，端口号是 520。RIPv1 以广播形式发送路由信息，目的 IP 地址为广播地址 255.255.255.255。RIPv2 以组播形式发送路由信息，目的 IP 地址为组播地址 224.0.0.9。

如表 11.2 所示，RIPv1 报文比较简单，由 Command、Version、Address Family Identifier、IP address、Metric 组成。

表 11.2　RIPv1 报文格式

Command	version	Unused
Address Family Identifier		Unused
IP Address		
Unused		
Unused		
Metric		

（1）Command：长度 1 B，表示该报文是一个请求报文还是响应报文，只能取 1 或者 2。1 表示该报文是请求报文，用于查询路由信息；2 表示该报文是响应报文，用于提供路由信息。

（2）Version：长度 1 B，表示 RIP 的版本信息。对于 RIPv1，该字段的值为 1。

（3）Address Family Identifier（AFI）：长度 2 B，表示地址标识信息，对于 IP 协议，其值为 2。

（4）IP address：长度 4 B，表示该路由条目的目的 IP 地址。这一项可以是网络地址、主机地址。

（5）Metric：长度 4 B，标识该路由条目的度量值，取值范围为 1～16。

一个 RIP 路由更新消息中最多可包含 25 条路由表项，每个路由表项都携带了目的网络的地址和度量值。整个 RIP 报文大小限制为不超过 504 B。如果整个路由表的更新消息超过该大小，需要发送多个 RIPv1 报文。

RIPv2 在 RIPv1 基础上进行了扩展，但 RIPv2 的报文格式仍然同 RIPv1 类似。

如表 11.3 所示，RIPv2 在 RIPv1 的报文格式基础上增加了 Route Tag、Subnet Mask 和 Next Hop。

表 11.3 RIPv2 报文格式

Command	version	Unused
Address Family ldentifier		Route Tag
IP Address		
Subnet Mask		
Next Hop		
Metric		

Route tag：长度 2 B，用于标记外部路由。

Subnet Mask：长度 4 B，指定 IP 地址的子网掩码，定义 IP 地址的网络或子网部分。

Next Hop：长度 4 B，指定通往目的地址的下一跳 IP 地址。

11.2 RIP 环路

11.2.1 RIP 环路的形成

RIP 协议由于其简单的距离矢量算法，在特定条件下容易形成路由环路。环路会使数据包在一组路由器之间无限循环，导致网络性能下降甚至完全失效。

如图 11.3 所示，在 RIP 建立完成后，所有路由器都拥有到达 172.16.0.0 网络的路由项，并且以 30 s 为周期向相邻路由器广播自己的路由表。当路由器 RD 与 172.16.0.0 网络之间出现故障时，路由器 RD 会检测到故障，并判断该目的网络不可达。此时，路由器 RC 还没有收到该路由不可达的信息，于是会继续周期性（30s）向 RD 和 RB 发送度量值为 1 的通往 172.16.0.0 的路由信息。路由器 RD 会学习此路由信息，认为可以通过 RC 到达 172.16.0.0 网络，因此更新路由表，将度量值设为 2，并将下一跳指向 RC。此后，路由器 RD 周期性（30 s）发送的更新路由表，又会导致 RC 路由表的更新，RC 会更新 172.16.0.0 网络路由表项，将度量值更新为 3，从而在 RC 和 RD 之间形成路由环路，这个过程会一直持续下去。而路由器 RB 和 RA 的度量值也会因为 RC 度量值的变化而依次增加。

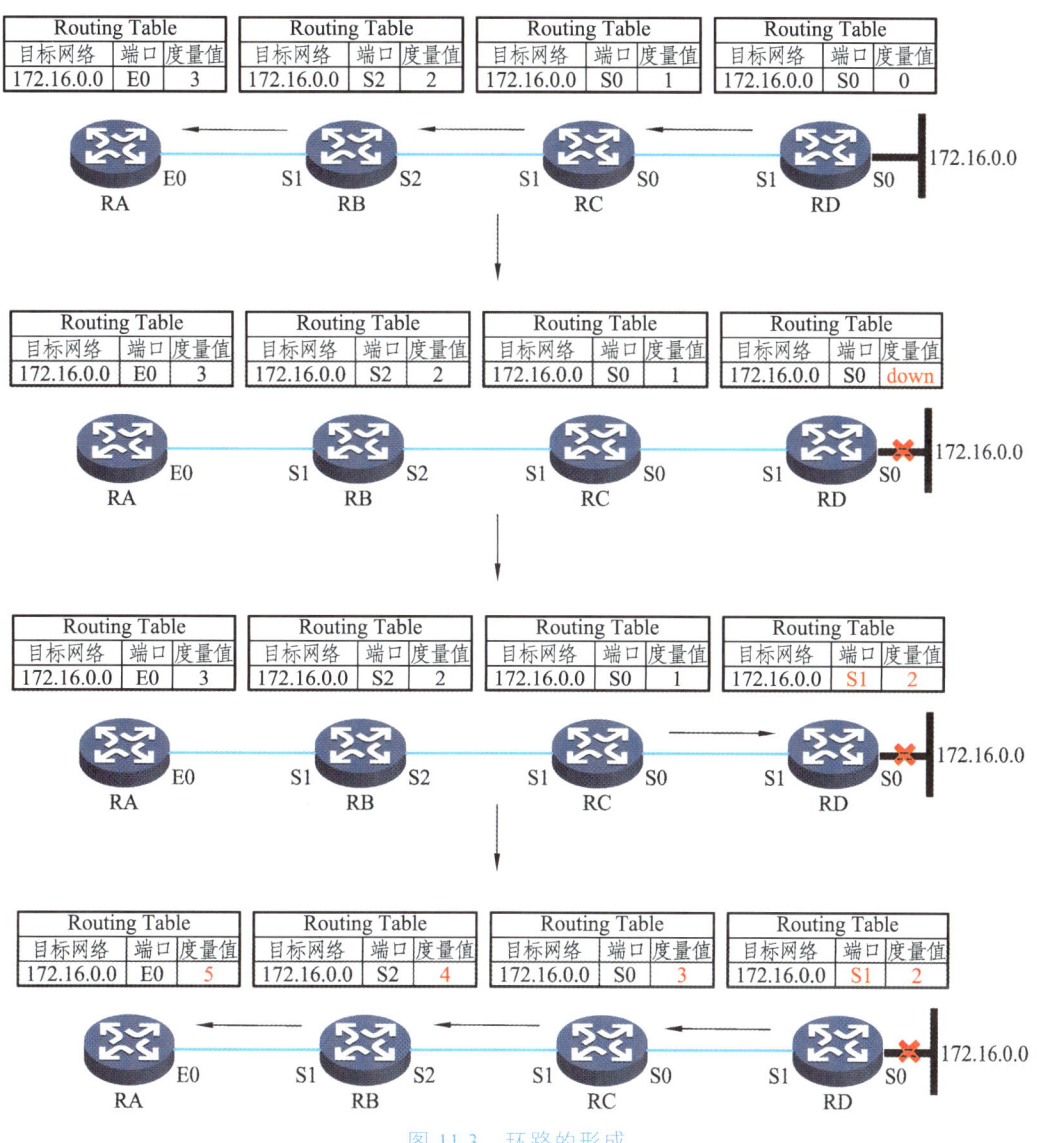

图 11.3 环路的形成

11.2.2 RIP 环路的处理方法

环路的处理方式有定义最大跳数、水平分割、毒性逆转、触发更新、抑制计时器。

1. 定义最大跳数

设置跳数的极限值：将跳数的极限值设为 16，当跳数达到 16 时，就说明网络已经不可达，将不再进行发送。这种方式能防止路由环路导致的无限循环问题，能够很容易实现，但是 16 跳不可达会限制网络的扩展，使网络最大直径只能是 15 跳。路由器是周期性（30 s）更新一次，当一个网络变得不可达时，最大跳数需要一段时间才能在整个网络中传播并被所有路由器接收，这个过程可能导致短暂的服务中断或低效的路由选择。

2. 水平分割

水平分割是指路由器从某个接口学习到的路由信息，不会再从该接口发出去。

如图 11.4 所示，对于 172.16.0.0 网络的路由项，因为路由器 RC 是从 RD 学习到该路由信息的，因此 RC 在发送该路由信息更新报文的时候不再向接收接口 S0 发送。当 30 s 内 RD 周期性发送更新报文时，RC 就会收到该网段不可达的信息，RB 和 RA 也会依次收到该网段不可达的信息。

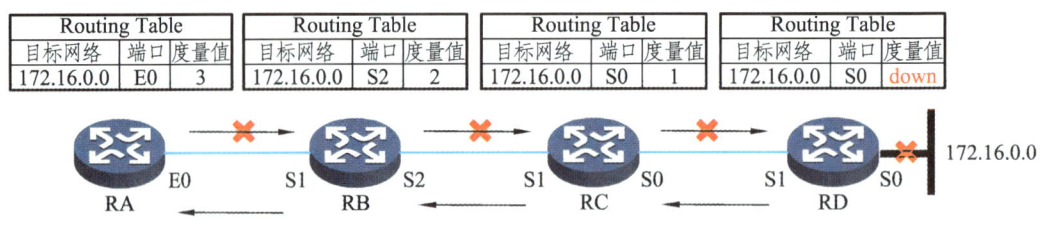

图 11.4　水平分割

3. 毒性逆转

毒性逆转（Poisoned Reverse）实际上是一种改进的水平分割，当路由器从某个接口上接收到某个网段的路由信息之后，并不是不往回发送信息了，而是发送，只不过是将这个网段标识为不可达，再发送出去。收到此种路由信息后，接收方路由器会立刻抛弃该路由，而不是等待其老化时间届满（Age Out），这样可以加速路由的收敛。

如图 11.5 所示，RD 向 RC 通告了度量值为 0 的 172.16.0.0 网络路由，RC 在通告给 RD 时将该路由度量值设为 16。如果 172.16.0.0 网络发生故障，RD 便不会认为可以通过 RC 到达 172.16.0.0 网络，因此就可以避免路由环路的产生。

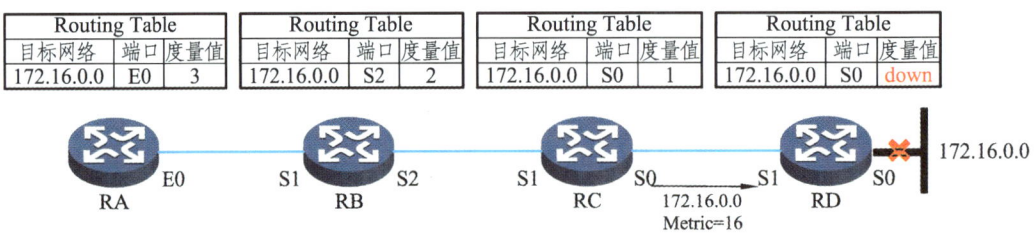

图 11.5　毒性逆转

4. 触发更新

"触发更新"可以用来加快路由信息的扩散。在缺省情况下，一台 RIP 路由器每 30 s 会发送一次更新路由表给邻居路由器。使用"触发更新"后，每个路由器检测到某个接口正在或已经停止工作，或者是某个相邻节点瘫痪了，或者是一个新的子网或邻居节点加入进来，这时它将立刻发送一个"触发更新"，这将大大加速网络的收敛速度。

如图 11.6 所示，路由器 RD 检查到 172.16.0.0 网络故障时，会立即触发更新，向 RC 发送更新消息，RC 收到更新消息后，立即更新路由表，并且触发更新，向 RB 发送更新消息，通过依次触发更新，在短时间内使全网的路由器都收到 172.16.0.0 网络不可达的信息。

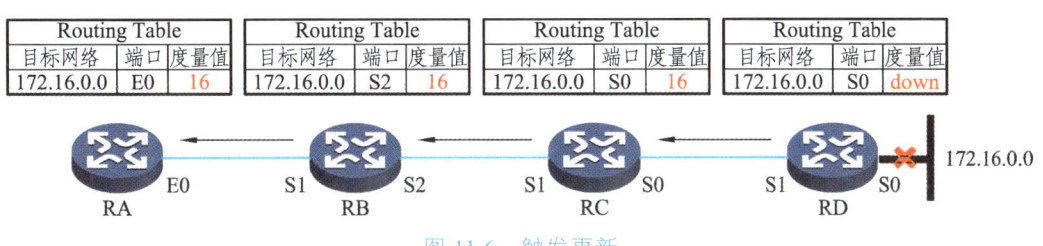

图 11.6 触发更新

5. 抑制计时器

抑制计时器的主要作用是防止路由信息在短时间内频繁更改，从而避免路由抖动。当一条路由的度量值突然增加（通常是由于网络故障或拓扑变化）时，路由器会启动抑制计时器。在计时期间，路由器不会接收来自任何邻居对该路由的更新，除非度量值变得更小（即路径变得更优）。

如图 11.7 所示，如果 172.16.0.0 网络出现故障，路由器 RD 会向相邻路由器 RC 发送更新信息，RC 接收到到达 172.16.0.0 网络度量值为 16 的信息后，启动抑制计时器，在抑制计时器运行期间（通常为几秒到几分钟），路由器 RC 不会接收任何对 172.16.0.0 网络的更新信息，即使其他邻居报告的度量值小于 16。这意味着路由器 RC 会暂时拒绝接收任何关于该网络的更坏的路由信息。抑制计时器到期后，路由器 RC 再次开始接收关于 172.16.0.0 网络的路由更新消息。如果此时该网络的度量值变好（如网络恢复工作，度量值变小），则路由器 RC 会更新其路由表，并向相邻路由器 RB 发送更新信息。

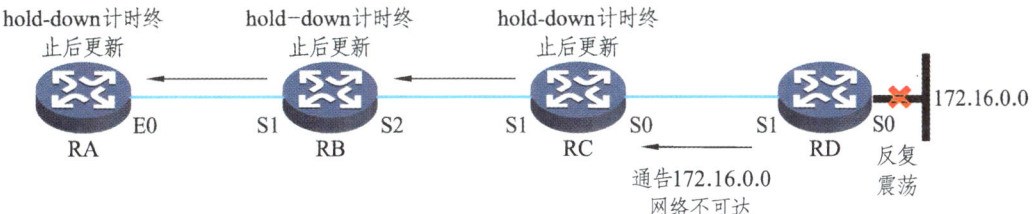

图 11.7 抑制计时器

抑制计时器通过暂时冻结路由更新来防止路由环路和路由抖动，从而提高网络的稳定性和可靠性。它与水平分割、毒性逆转等其他机制结合使用，可以显著改善网络的性能。

11.3 配置示例

某分公司原来的办公楼和研发中心分别有内部局域网，办公楼的终端使用的是 172.16.0.34/28 网段，研发中心的终端使用的是 172.16.0.18/28 网段。很多设备的 IP 地址不易随意更改，现需要使用路由器将两个部门连接起来，在后期两栋楼还会增加大量的部门，每个部门都会使用新的网段；目前，研发中心已通过路由器连接了总公司。总公司使用的是 10.0.0.0/24 网段，并规定连接分公司只能使用静态路由与已有网络连接。

1. 配置思路

（1）因为后面会增加网络，为减少因为网络发生改变导致的数据更改，使用动态路由最好。

（2）分公司使用的是动态路由，连接总公司使用的是静态路由，因此需要在动态路由协议中引入静态路由。

2. 拓扑图规划

根据网络需求规划网络拓扑图，如图11.8所示。

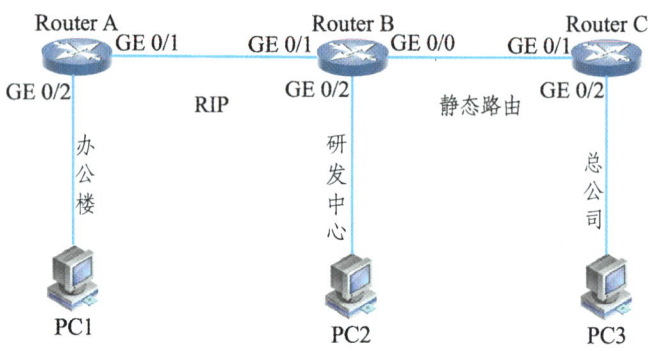

图11.8　静态路由示例

3. 数据规划

根据网络拓扑图和需求分析，完成网络数据的规划，见表11.4。

表11.4　数据规划

本端			对端		
设备名称	端口	IP地址	设备名称	端口	IP地址
PC1		172.16.0.34/28	Router A	GE 0/2	172.16.0.33/28
Router A	GE 0/1	192.168.0.253/30	Router B	GE 0/1	192.168.0.254/30
PC2		172.16.0.18/28	Router B	GE 0/2	172.16.0.17/28
Router C	GE 0/1	192.168.0.250/30	Router B	GE 0/0	192.168.0.249/30
PC3		10.0.0.2/28	Router C	GE 0/2	10.0.0.1/28

4. 配置步骤

（1）Router A 的数据配置：

步骤一：按照数据规划表完成 Router A 的接口数据配置，执行命令如下：

```
<Huawei>system-view
[Huawei]sysname Router A
[Router A]interface GigabitEthernet0/0/1
[Router A-GigabitEthernet0/0/1]description To Router B        //接口描述
```

```
[Router A-GigabitEthernet0/0/1]ip address 192.168.0.253 30    //接口 IP 地址
[Router A-GigabitEthernet0/0/1]interface GigabitEthernet0/0/2
[Router A-GigabitEthernet0/0/2]description To PC1
[Router A-GigabitEthernet0/0/2]ip address 172.16.0.33 28
```

步骤二：启动 RIP 协议进程并进入 RIP 视图模式（命令：**rip**[process-id]），执行命令如下：

```
[Router A] rip                //启动 RIP 协议
[Router A-rip-1]
```

步骤三：将 RIP 协议版本设置为 v2 版本（命令：**version** {1/2}），执行命令如下：

```
[Router A-rip-1] version 2    //设置 RIP 协议版本
```

  📖 配置说明

"version" RIP 协议有 v1 和 v2 两个版本。

①version 1 只支持有类路由（不支持子网），不支持认证功能及以组播方式发布消息。

②version 2 支持无类路由（支持子网），支持认证功能（安全性更高），采用组播方式发布消息（占用更少的设备处理资源），能兼容 version 1。

步骤四：在指定网段接口使用 RIP 功能（命令：**network**{network-address}），执行命令如下：

```
[Router A-rip-1] network 192.168.0.0        //在 192.168.0.0 网段使能 RIP
[Router A-rip-1] network 172.16.0.0         //在 172.16.0.0 网段使能 RIP
    //设置 RIP 协议版本
```

  📖 配置说明

①"network-address" 是指自然网段的地址。

②一个接口只能与一个 RIP 进程相关联。

③对于一个配置了多个子接口 IP 地址的物理接口，如果已经将该接口上的任一网段与某 RIP 进程相关联，则该接口后续无法再和其他 RIP 进程相关联。

④172.16.0.0 网络是该路由器的直连网络，可以使用命令 **import-route** direct 代替 "network 172.16.0.0"。

步骤五：保存配置数据（命令：**save**[configuration-file]）。

（2）Router B 的数据配置：

步骤一：按照数据规划表完成 Router B 的接口数据配置，执行命令如下：

```
[Router B]interface GigabitEthernet0/0/0
[Router B-GigabitEthernet0/0/0]description To Router C
[Router B-GigabitEthernet0/0/0]ip address 192.168.0.249 30
[Router B-GigabitEthernet0/0/0]interface GigabitEthernet0/0/1
[Router B-GigabitEthernet0/0/1]description To Router A
[Router B-GigabitEthernet0/0/1]ip address 192.168.0.254 30
[Router B-GigabitEthernet0/0/1]interface GigabitEthernet0/0/2
[Router B-GigabitEthernet0/0/2]description To PC2
[Router B-GigabitEthernet0/0/2]ip address 172.16.0.17 28
```

步骤二：配置 RIP 协议，执行命令如下：

```
[Router B]rip
[Router B-rip-1] version 2
[Router B-rip-1]network 192.168.0.0
[Router B-rip-1]network 172.16.0.0
```

步骤三：在 Router B 的 RIP 协议中引入静态路由协议：（命令 **import-route** {static/ospf/direct/bgp/isis}），执行命令如下：

```
[Router B-rip-1]import-route static        //在 RIP 协议中引入静态路由
```

步骤四：配置到 PC3 的静态路由（命令：**ip route-static**），执行命令如下：

```
[Router B]ip route-static 10.0.0.2 28 192.168.0.250    //到 PC3 的静态路由
```

（3）Router C 的数据配置：

步骤一：按照数据规划表完成 Router C 的接口数据配置，执行命令如下：

```
[Router C]interface GigabitEthernet0/0/1
[Router C-GigabitEthernet0/0/1]description To Router B
[Router C-GigabitEthernet0/0/1]ip address 192.168.0.250 30
[Router C-GigabitEthernet0/0/1]interface GigabitEthernet0/0/2
[Router C-GigabitEthernet0/0/2 ]description To PC3
[Router C-GigabitEthernet0/0/2]ip address 10.0.0.1 28
```

步骤二：配置到 PC1 和 PC2 的静态路由，执行命令如下：

```
[Router C]ip route-static 172.16.0.18 28 192.168.0.249
[Router C]ip route-static 172.16.0.34 28 192.168.0.249
```

5. 查询配置结果

步骤一：查看 Router A 的路由表状态（命令：**display ip routing-table**），执行命令如下：

```
[Router A]display ip routing-table
Destination/Mask    Proto   Pre   Cost   Flags  NextHop         Interface
10.0.0.0/28         RIP     100   1      D      192.168.0.254   GigabitEthernet 0/0/1
172.16.0.16/28      RIP     100   1      D      192.168.0.254   GigabitEthernet 0/0/1
172.16.0.32/28      Direct  0     0      D      172.16.0.33     GigabitEthernet 0/0/2
192.168.0.248/30    RIP     100   1      D      192.168.0.254   GigabitEthernet 0/0/1
192.168.0.252/30    Direct  0     0      D      192.168.0.253   GigabitEthernet 0/0/1
```

步骤二：查看 Router B 的路由表状态（命令：**display ip routing-table**），执行命令如下：

```
[Router B]display ip routing-table
Destination/Mask    Proto   Pre   Cost   Flags  NextHop         Interface
10.0.0.0/28         Static  60    0      RD     192.168.0.250   GigabitEthernet0/0/0
172.16.0.16/28      Direct  0     0      D      172.16.0.17     GigabitEthernet 0/0/2
172.16.0.32/28      RIP     100   1      D      192.168.0.253   GigabitEthernet 0/0/1
192.168.0.248/30    Direct  0     0      D      192.168.0.249   GigabitEthernet 0/0/0
192.168.0.252/30    Direct  0     0      D      192.168.0.254   GigabitEthernet 0/0/1
```

步骤三：查看 Router C 的路由表状态（命令：**display ip routing-table**），执行命令如下：

```
[Router C]display ip routing-table
Destination/Mask    Proto   Pre   Cost   Flags  NextHop         Interface
10.0.0.0/28         Direct  0     0      D      10.0.0.1        GigabitEthernet 0/0/2
172.16.0.16/28      Static  60    0      RD     192.168.0.249   GigabitEthernet 0/0/1
172.16.0.32/28      Static  60    0      RD     192.168.0.249   GigabitEthernet 0/0/1
192.168.0.248/30    Direct  0     0      D      192.168.0.250   GigabitEthernet 0/0/1
```

步骤四：PC1、PC2 和 PC3 之间能够互 ping。

6. 常用命令汇总

VLAN 配置中常用的命令见表 11.5。

表 11.5　常用命令

命令名称	命令	说明
启动 RIP 进程并进入视图模式	**rip**[process-id]	必选
配置 RIP 协议版本	**version** {1/2}	可选
关闭/启动 RIP 有类聚合	[undo] **summary**	可选
发布指定网段	**network**{network-address}	必选
从其他路由协议引入路由	**import-route**{static/ospf/direct/bgp/isis}	可选
显示 RIP 进程的当前运行状态和配置信息	**display rip**	可选
查看 RIP 发表数据库的所有激活路由	**display rip** {process-id} **database** [verbose]	可选
显示 RIP 的接口信息	**display rip** {process-id} **interface** {interface-typ interface-number} [verbose]	可选
显示从其他路由器学来的 RIP 路由信息	**display rip** {process-id} **route**	可选

项目 12　OSPF 协议

OSPF（Open Shortest Path First）是一种内部网关协议，广泛应用于企业和互联网服务提供商的网络环境中。作为一种基于链路状态的路由协议，OSPF 通过维护链路状态数据库来描述网络拓扑，并使用最短路径优先（SPF）算法计算最优路径，从而确保无路由环路。与 RIP 协议不同，OSPF 从设计上就解决了环路问题，并通过区域划分（Areas）进一步增强了可扩展性和效率。

通过将网络划分为多个区域，OSPF 能够有效管理大规模网络中的路由信息，限制每个区域内的路由更新流量，从而优化网络性能。这种分区域的特点使得 OSPF 特别适用于大中型网络，并且可以与其他协议（如多协议标记交换协议 MPLS）协同工作，支持地理覆盖广泛的网络环境。

12.1　OSPF 概述

OSPF 协议基于链路状态算法，每台运行了 OSPF 协议的路由器通过相互传递链路状态信息，了解整个网络的链路状态信息，以计算到达目的地的最优路径。

如图 12.1 所示，这一过程始于链路状态公告（LSA，Link State Advertisement）的洪泛。LSA 中包含路由器已知的接口 IP 地址、子网掩码、开销（Cost）和网络类型等信息。每台路由器通过洪泛 LSA 来向网络中的其他路由器通告本地链路状态信息。收到 LSA 的路由器将根据这些信息建立并维护自己的链路状态数据库（LSDB，Link State Database）。

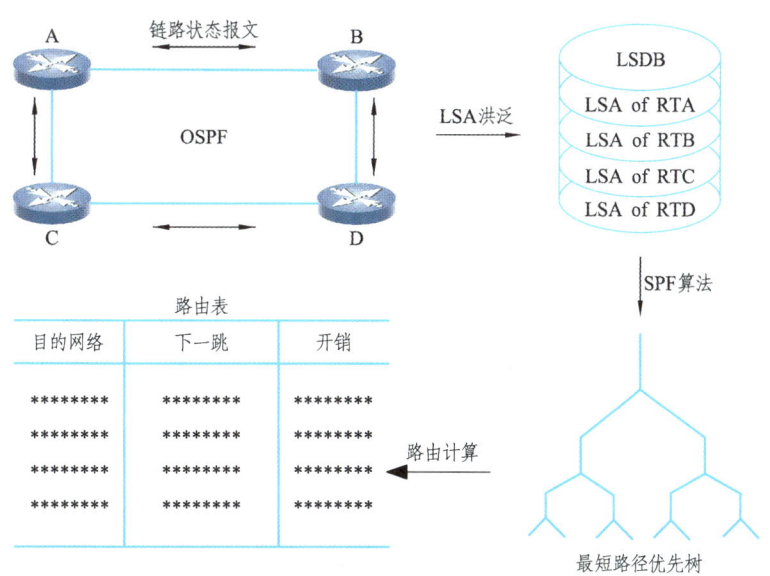

图 12.1　OSPF 的工作原理

LSDB 同步后，路由器使用最短路径优先（SPF，Shortest Path First）算法对 LSDB 中的信息进行计算，以生成到达每个网络的最短路径优先树。这一算法确保了无环路的路由选择，并提高了路由的准确性与效率。最终，路由器根据计算出的最短路径优先树得出到达目的网络的最优路由，并将其添加到 IP 路由表中，从而指导数据包的转发。

通过这样的机制，OSPF 实现了快速的路由收敛，并确保了网络中所有路由器都能拥有最新的拓扑信息，进而提高了网络的整体性能和可靠性。

12.2　OSPF 的工作原理

12.2.1　OSPF 报文类型

OSPF 将协议包直接封装在 IP 包中，协议号 89。它使用多种类型的报文来实现邻居发现、链路状态信息的交换和路由计算等功能。报文类型包括 Hello 报文、DD 报文、LSR 报文、LSU 报文、LSAck 报文。

Hello 报文：最常用的一种报文，用于发现、维护邻居关系，并在广播和 NBMA（None-Broadcast Multi-Access）类型的网络中选举指定路由器 DR（Designated Router）和备份指定路由器 BDR（Backup Designated Router）。

DD 报文：两台路由器进行 LSDB 数据库同步时，用 DD 报文来描述自己的 LSDB。DD 报文的内容包括 LSDB 中每一条 LSA 的头部（LSA 的头部可以唯一标识一条 LSA）。LSA 头部只占一条 LSA 的整个数据量的一小部分，所以，这样就可以减少路由器之间的协议报文流量。

LSR 报文：两台路由器互相交换过 DD 报文之后，知道对端的路由器有哪些 LSA 是本地 LSDB 所缺少的，这时需要发送 LSR 报文向对方请求缺少的 LSA，LSR 只包含所需要的 LSA 的摘要信息。

LSU 报文：用来向对端路由器发送所需要的 LSA。

LSACK 报文：用来对接收到的 LSU 报文进行确认。

12.2.2　邻居关系的建立

OSPF 路由器启动后会周期性地从其启动 OSPF 协议的每一个接口以组播地址 224.0.0.5 向其他路由器发送 Hello 包，以寻找邻居。Hello 包里携带有一些参数，如始发路由器的 Router ID（路由器 ID）、始发路由器接口的区域 ID（Area ID）、选定的 DR 路由器、路由器优先级等信息。当两台路由器共享一条公共数据链路，并且相互成功协商它们各自 Hello 包中所指定的某些参数时，它们就能成为邻居。

如图 12.2 所示，Router A 通过其 GE0/0 端口向 Router B 发送 OSPF Hello 包，一旦 Router B 收到这些包并确认 Area ID、Hello/Dead 间隔以及认证信息等参数与自己的配置相匹配，它就会将 Router A 添加到其邻居列表中，并将状态更改为 Init。接着，Router B 也开始通过 GE0/0 端口发送自己的 Hello 包。Router A 在接收到这些包后，会检查参数一致性，并确认 Neighbors 字段中包含自己的 Router ID。如果一切条件满足，Router A 将 Router B 加入自己的邻居列表，并将状态提升至 2-Way 状态。同时，Router B 在后续接收到 Router A 的 Hello 包时，也会执行类似的检查，并在发现 Neighbors 字段中包含自己后，将状态从 Init 变更为 2-Way。这样，Router A 和 Router B 之间就成功建立了 OSPF 邻居关系。建立关系后，如果任一路由器在规定的路由器失效时间内未能收到对方的 Hello 包，它们会认为对方不可达，并中断已建立的邻居关系。

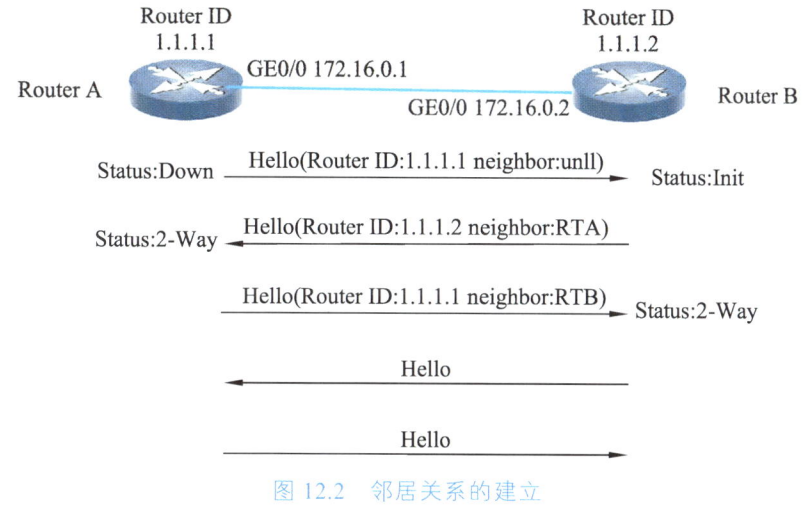

图 12.2　邻居关系的建立

12.2.3　邻接关系的建立

当邻居状态变成 2-Way 状态时，邻居关系建立完成。OSPF 邻接关系是位于邻居关系之上。在邻居关系的基础上，两端需要进一步交换 DD 报文、交互 LSA 信息时才建立邻接关系。

如图 12.3 所示，邻接关系的建立过程主要分为以下两部分。

1. 主从关系协商、DD 报文交换

（1）初始化 DD 报文：Router A 首先发送一个 DD 报文，宣称自己是 Master（即将 DD 报文中的 MS 字段置为 1），并规定序列号 Seq=X。I=1 表示这是第一个 DD 报文，报文中并不包含 LSA 的摘要，只是为了协商主从关系。M=1 说明这不是最后一个报文。

（2）Router B 的响应：Router B 在收到 Router A 的 DD 报文后，将邻居状态机改为 ExStart，并且回应一个 DD 报文（该报文中同样不包含 LSA 的摘要信息）。Router B 的 Router ID 较大，所以在报文中 Router B 认为自己是 Master，并且重新规定了序列号 Seq=Y。

（3）角色转换和序列号：Router A 收到报文后，同意了 Router B 为 Master，并将邻居状态机改为 Exchange。RouterA 使用 Router B 的序列号 Seq=Y 来发送新的 DD 报文，该报文开始正式传送 LSA 的摘要。在报文中 Router A 将 MS 字段置为 0，说明自己是 Slave。

（4）序列号的确认和 LSA 摘要的传输：Router B 收到报文后，将邻居状态机改为

Exchange，并发送新的 DD 报文来描述自己的 LSA 摘要，此时 Router B 将报文的序列号改为 Seq=Y+1。

（5）结束数据库描述：当 Router B 发送完所有的 LSA 摘要后，它会在最后一个 DD 报文中设置 M=0，表示没有更多的 LSA 摘要要发送。这时，双方都应该已经交换了所有的 LSA 摘要，并准备进入下一状态，即 Loading 状态。

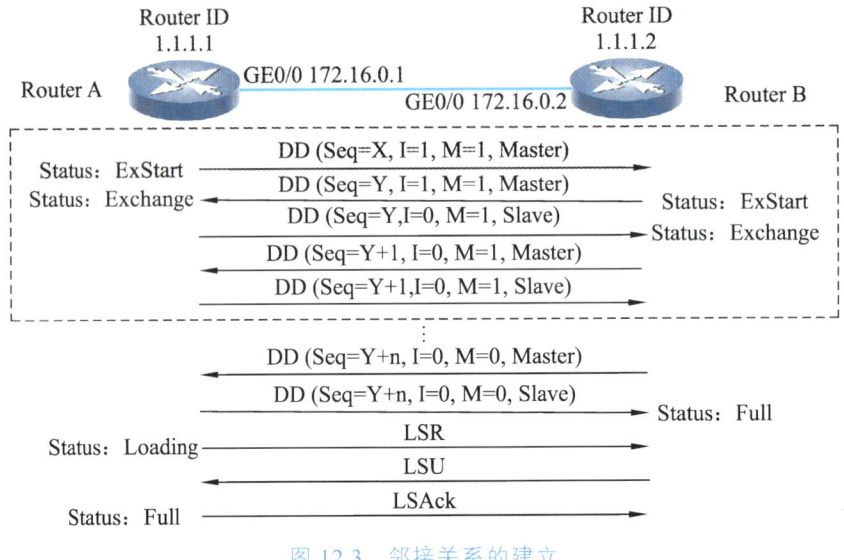

图 12.3　邻接关系的建立

2. LSDB 同步（LSA 请求、LSA 传输、LSA 应答）

（1）Router B 收到了 Router A 的最后一个 DD 报文，如果 Router A 的 LSA 在 Router B 中都已经有了，不需要再请求，则 Router B 直接将其到 Router A 的邻居状态改为 Full 状态。

（2）Router A 收到最后一个 DD 报文后，识别出 Router B 的数据库中有许多 LSA 是自己没有的，随即将邻居状态机改为 Loading 状态，并发送 LSR 报文来请求这些特定的 LSA。

（3）Router B 接收到 Router A 发送的 LSR 报文后，用 LSU 报文来回应 Router A 的请求。LSU 报文中包含那些被请求的链路状态的详细信息。

（4）Router A 收到 LSU 报文后，向 Router B 发送 LSACK 报文，用于对已接收 LSA 报文的确认。上述过程持续到 Router A 中的 LSA 与 Router B 的 LSA 完全同步为止，此时 Router A 和 Router B 的邻居状态都改为 Full 状态。路由器交换完 DD 报文并更新所有的 LSA 后，双方的数据库同步完成，至此，邻接关系建立完成。

12.2.4　OSPF 支持的网络类型

OSPF 定义了 4 种网络类型，分别是点到点网络、广播型网络、NBMA 网络和点到多点网络，如图 12.4 所示。

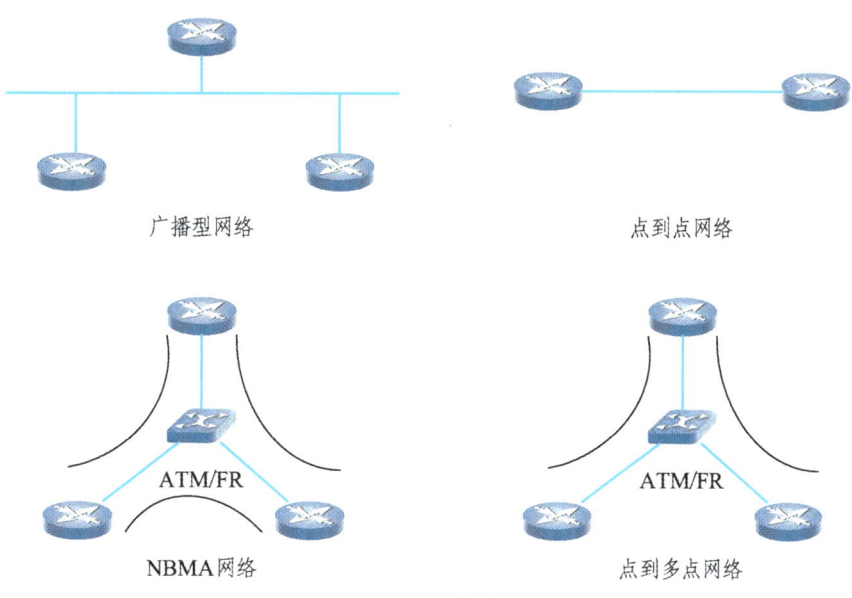

图 12.4　网络类型

点到点网络：即 Point-to-point（P2P）型网络，是指该接口通过点到点的方式与一台路由器相连。此类型网络不需要进行 OSPF 的 DR、BDR 选举。当链路层协议是 PPP 或 HDLC 时，OSPF 缺省认为网络类型是 P2P。在此类型的网络中，OSPF 以组播方式（224.0.0.5）发送协议报文。

广播型多路访问网络：即 Broadcast 型网络，网络本身支持广播功能。当链路层协议是 Ethernet、FDDI 时，OSPF 缺省认为网络类型是广播型。此类型网络需要进行 OSPF 的 DR、BDR 选举。在该类型的网络中，OSPF 通常以组播方式（224.0.0.5 和 224.0.0.6）发送协议报文。

非广播型多路访问网络：即 NBMA（Non-Broadcast Multiple Access）型网络，虽然从一个接口可以到达多个目的节点，但是网络本身不支持广播功能。当链路层协议是帧中继、ATM 或 X.25 时，OSPF 缺省认为网络类型是 NBMA。此时，OSPF 的邻居需要管理员手工指定。在该类型的网络中，以单播方式发送协议报文。

点到多点网络：即 Point-to-multipoint（P2MP）型网络，是指该接口通过点到多点的网络与多台路由器相连。P2MP 型网络比较特殊，没有一种链路层协议会被缺省地认为是点到多点类型。点到多点必须是由其他网络类型强制更改而来，常用做法是将 NBMA 改为点到多点的网络。在该类型的网络中，缺省情况下以组播方式（224.0.0.5）发送协议报文，也可以根据用户需要，以单播形式发送协议报文。

12.2.5　DR 与 BDR 的作用

如图 12.5 所示，在广播网络中，如果每个邻居之间都发送 LSA，将会造成浪费（网络带宽、CPU 资源等），如果在每一个至少含有两个路由器的广播型网络和 NBMA 网络中都指定一个 DR 和 BDR，一个既不是 DR 也不是 BDR 的路由器只与 DR 和 BDR 形成邻接关系并交换链路状态信息以及路由信息，这样就大大减少了大型广播型网络和 NBMA 网络中的邻接关系数量。随着邻接关系数量的减少，链路状态信息及路由信息的交换次数减少，这样可以节省带宽，降低对路由器处理能力的压力。

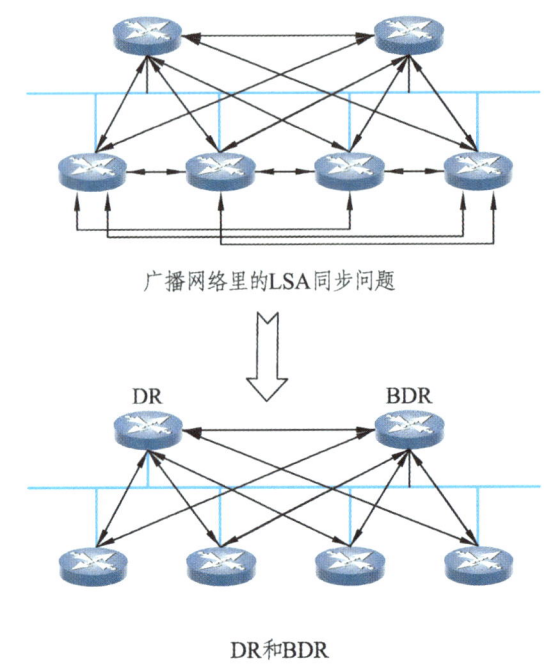

图 12.5　LSA 同步问题

指定了 DR 后，所有的路由器都与 DR 建立起邻接关系，DR 成为该广播网络上的中心点。BDR 在 DR 发生故障时接管业务，所以在一个广播型网络上所有路由器也都必须同 BDR 建立邻接关系。

12.2.6　DR 和 BDR 的选举

邻居关系建立完成后，路由器会根据网段类型进行 DR 选举。在广播型网络和 NBMA 网络上，路由器会根据参与选举的路由器的优先级进行 DR 选举。该优先级是可以配置的，取值范围为 0 ~ 255（缺省情况下，优先级为 1），优先级的值越高越优先。如果一个接口优先级为 0，那么该接口将不会参与 DR 或者 BDR 的选举。当优先级相同时，则比较 Router ID，值越大越优先被选举为 DR。BDR 也是以同样的方法进行选举。如图 12.6 所示，Router B 的优先级值最大，将会被选举为 DR，Router A 的优先级次之，将被选举为 BDR。

虽然路由器的优先级可以影响选举过程，但它不能强制更改已经有效的 DR 和 BDR。如果网络中已经存在 DR 和 BDR，则新添加进该网络的路由器不会成为 DR 和 BDR，不管该路由器的 Router Priority 是否最大。如果当前 DR 发生故障，则当前 BDR 自动成为新的 DR，网络中重新选举 BDR；如果当前 BDR 发生故障，则 DR 不变，重新选举 BDR。

因此，在广播型网络里，最先初始化的具有 DR 选举资格的两台路由器将成为 DR 和 BDR。如图 12.5 所示，选定 DR 和 BDR 以后，网络中加入一个高优先级的路由器也只能是普通路由器，不能是 DR 或者 BDR。

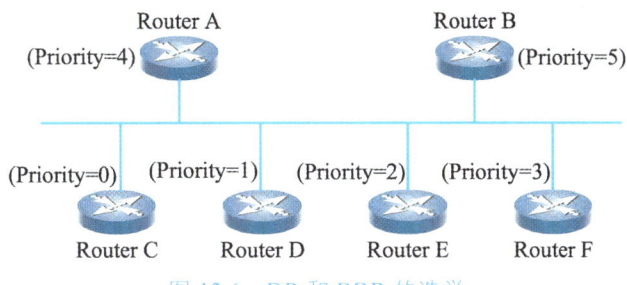

图 12.6　DR 和 BDR 的选举

一旦 DR 和 BDR 选举成功，其他路由器将只与 DR 和 BDR 之间建立邻接关系，邻接状态可以达到 Full 状态。其他路由器之间只建立邻居关系，邻接状态停留在 2-way 状态。此后，其他路由器只与 DR 和 BDR 交互 LSA，并且继续通过发送 Hello 包来寻找新的邻居和维持旧邻居关系。

12.2.7　OSPF 的开销

RIP 协议的度量值是跳数，而 OSPF 的度量值（链路开销）是根据链路带宽算出来的，基本上和链路带宽成反比。也就是说，带宽越大，开销值越小，链路越优。计算公式：接口开销=参考带宽/逻辑带宽（逻辑带宽通配置常和物理接口带宽相同）。OSPF 的度量值是链路经过的所有路由器出端口 cost 值的总和。

OSPF 接口开销有默认的参考值，即接口带宽默认为 100 Mb/s，如果实际带宽值为 10M，那么该接口的 cost=100/10=10，如果该接口实际带宽为 100 Mb/s，那么接口开销为 cost=100/100=1。现在的网络已经进入 1000 M 时代，就会出现 100 M 和 1000 M 的带宽在 OSPF 中得到的开销相同，都是 1。在这种情况下可以使用命令调整参考带宽值，从而改变接口开销。参考带宽值越大，开销越准确。在支持 10 Gb/s 速率的情况下，推荐将带宽参考值提高到 10000 Mb/s 来分别为 10 Gb/s、1 Gb/s 和 100 Mb/s 的链路提供 1、10 和 100 的开销。注意，配置参考带宽值时，需要在整个 OSPF 网络中统一进行调整。

另外，还可以通过命令 ospf cost 来手动为一个接口调整开销，开销值范围是 1～65535，缺省值为 1。

12.2.8　OSPF 的路由计算

OSPF 采用 SPF（Shortest Path First）算法计算路由，可以达到路由快速收敛的目的。

OSPF 路由器通过交换 LSA 实现 LSDB 的同步。LSA 不但携带了网络连接状态信息，而且携带了各接口的 cost 信息。

由于一条 LSA 是对一台路由器或一个网段拓扑结构的描述，整个 LSDB 就形成了对整个网络的拓扑结构的描述。如图 12.7 所示，路由器将 LSDB 转换成一张带权的有向图，这张图便是对整个网络拓扑结构的真实反映。因为在同一个 OSPF 域内所有路由器的 LSDB 是同步的，所以各个路由器得到的有向图是完全相同的。每台路由器根据有向图，使用 SPF 算法，根据各接口的 cost 信息计算出一棵以自己为根的最短路径树，这棵树就给出了到自治系统中各节点的路由。

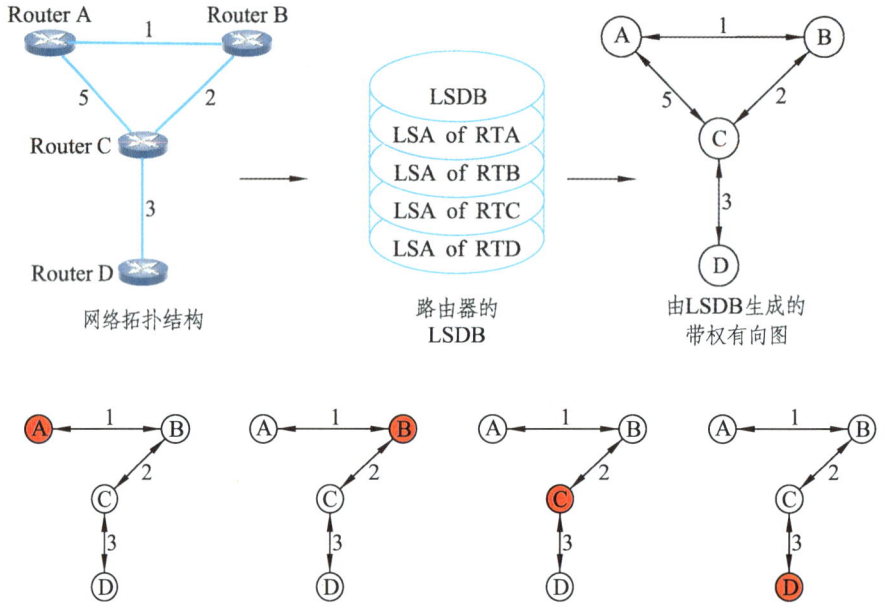

图 12.7　路由计算

12.3　OSPF 区域

12.3.1　OSPF 的区域的作用

随着网络规模日益扩大，当一个大型网络中的路由器都运行 OSPF 路由协议时，会出现以下几方面问题。

（1）网络资源占用大：网络拓扑结构发生变化概率增大，如果 LSA 的洪泛不受到限制，将导致整个网络都被 LSA 更新所影响，使网络带宽利用率降低。

（2）路由器资源消耗大：所有的路由器都需要维护整个网络的链路状态数据库（LSDB），这会大量消耗路由器的 CPU 和内存资源。

（3）收敛速度慢：网络结构变化时，未划分区域的 OSPF 网络需要在全网范围内重新计算路由和洪泛链路状态通告（LSA），导致收敛速度变慢。

（4）路由表过大：随着网络路径的增加，路由表会变得越来越庞大，每次路径变化都需重新计算路由表，降低了路由器的效率。

（5）故障定位难：任何区域的问题都可能影响到整个网络，这使得故障定位变得更加困难。

划分区域是指在逻辑上将路由器划分为不同的组，从而实现将自治系统划分成不同的区域。OSPF 将一个大的自治系统划分成若干个小的区域，就可以缩小每个 OSPF 区域路由器的数量，同时减少 LSDB 的规模，进而减少网络流量，如图 12.8 所示。

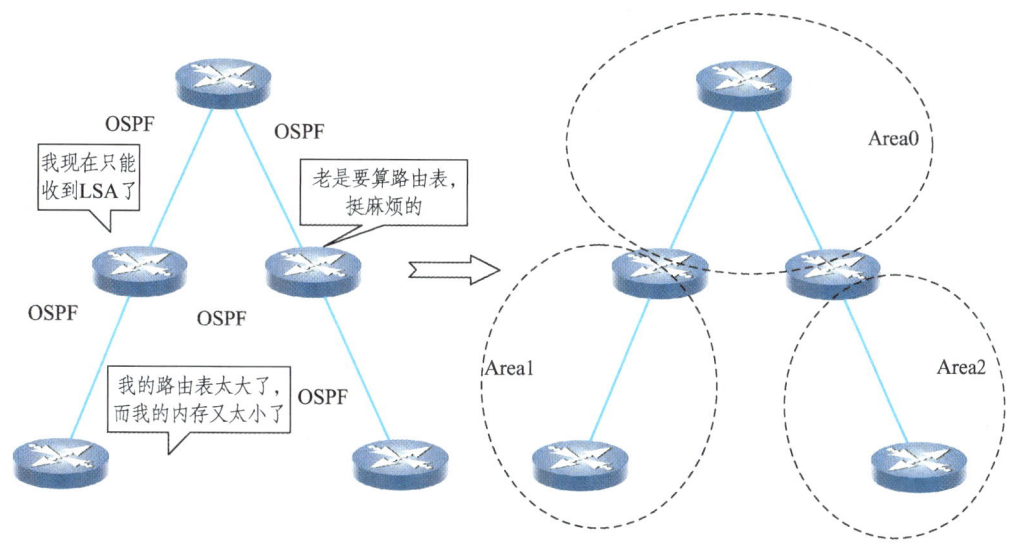

图 12.8　区域的作用

在划分 OSPF 区域后，每个区域内的详细拓扑信息将不向其他区域发送，区域间传递的是抽象的路由信息，而不是详细的描述拓扑结构的链路状态信息。原来庞大的数据链路状态数据库被划分为多个小数据库，每个区域都有自己的 LSDB，不同区域的 LSDB 是不同的。由于详细链路状态信息不会被发布到区域以外，LSDB 的规模大大缩小，同时，一个网络出现故障也只会在域内产生影响，域外的网络不会受到影响。

12.3.2　OSPF 的区域划分

在 OSPF 的区域划分中，要求每一个网段必须属于一个区域，即每个运行 OSPF 协议的接口必须指定属于某一个特定的区域。为区分各个区域，每个区域都用一个 32 位的区域 ID（Area ID）来标识。区域 ID 可以表示为一个十进制的数字，也可以表示为一个点分十进制的数字，如配置区域 0 等同于配置区域 0.0.0.0。

在一个最为简单的 OSPF 多区域网络环境中，OSPF 需采用两级分层结构：骨干区域和非骨干区域。

协议规定骨干区域的区域 ID 是 Area 0，非骨干区域采用其余区域 ID。为了避免区域间路由环路，非骨干区域之间不允许直接相互发布路由信息。因此，所有非骨干区域都必须与骨干区域相连，非骨干区域之间不能直接交换数据包，它们之间的路由传递只能通过骨干区域 Area 0 完成。

12.3.3　OSPF 路由器分类

随着域的划分，路由器根据其在网络中的角色和位置被赋予不同的名称，如图 12.9 所示。

内部路由器（Internal Router）：所有接口都属于同一 OSPF 区域的路由器，称为内部路由器（IBR），它们只在其所在区域内交换链路状态信息。

骨干路由器（Backbone Router）：至少有一个接口与骨干区域相连的路由器被称为骨干路由器，所有的 ABR 和位于 Area 0 的内部设备都是骨干路由器。

区域边界路由器（Area Border Router，ABR）：同时属于两个以上的区域，其中一个必须属于骨干区域的路由器叫作区域边界路由器（ABR），它包含所有相连区域的 LSDB。

自治系统边界路由器（AS Boundary Router，ASBR）：OSPF 自治系统要与其他的自治系统通信，必然需要有 OSPF 区域内的路由器与其他自治系统相连，这种路由器称为自治系统边界路由器（ASBR）。ASBR 可以是位于 OSPF 自治系统内的任何一台路由器，它会向整个 AS 通告 AS 外部的路由信息。

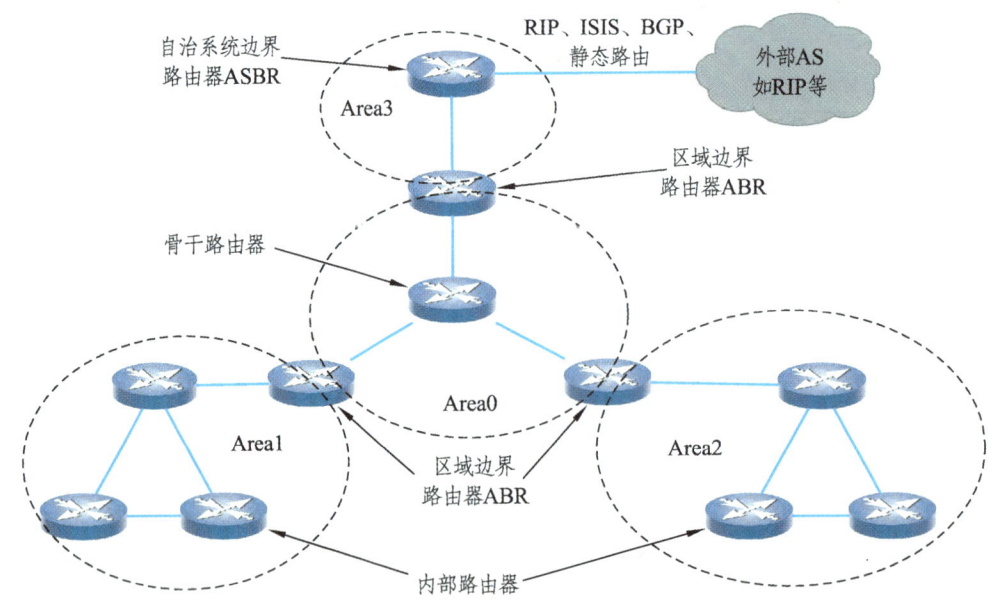

图 12.9　OSPF 区域的划分

12.3.4　LSA 分类

OSPF 自治域被划分成不同的区域后，OSPF 自治系统内的通信将被划分为三种类型。

区域内通信：同一个区域内的路由器之间的通信。

区域间通信：不同区域的路由器之间的通信。

区域外部通信：OSPF 域内路由器与另一个自治系统内的路由器之间的通信。

不同的通信类型对应的 LSA 会由不同类型的路由器发起，并且不同 LSA 的传递范围也不相同，LSA 通常分为 5 类，分别是：Router LSA（Type 1）、Network LSA（Type 2）、Network Summary LSA（网络汇总链路状态通告，Type 3）、ASBR Summary LSA（ASBR 汇总链路状态通告，Type 4）、AS External LSA（AS 外部链路状态通告，Type 5），见表 12.1。另外，还有一种特殊类型的 LSA：NSSA LSA（Type 7）。

Router LSA（Type 1）：描述了路由器物理接口所连接的链路或接口，指明了链路的状态、代价等。每个 OSPF 区域内的路由器均会产生第一类 LSA，它让路由器彼此认识彼此的链路接口等，只在产生的区域内泛洪。

Network LSA（Type 2）：由 DR 和 BDR 产生，它描述了 OSPF 区域中与其已经建立了连接关系的路由器，只在产生的区域内泛洪。

Network summary LSA（Type 3）：由 ABR 发出，它将某个区域的路由信息 LSA 汇总告知其他区域，也就是通知其他区域路由器要到这些网络就找这个 ABR 作为它们的下一跳。

ASBR Summary LSA（Type 4）：也是由 ABR 发出的，但是它却是告诉其他 OSPF 区域路由器到某个非 OSPF AS 外的网络要找通告里告诉的那个 ASBR，可以理解为通告 ASBR 在哪儿。

AS External LSA（Type 5）：是由 ASBR 产生的，用来通告自治系统外部的路由，在整个 OSPF 自治系统内泛洪。

表 12.1　LSA 的分类

LSA 类型	发起者	传递范围	描述对象
LSA1：Router LSA	区域内的每台路由器	区域内传递	描述路由器的直连链路状态信息
LSA2：Network LSA	DR、BDR	区域内传递	描述本网段内直连的路由器
LSA3：Network Summary LSA	ABR	区域间传递	描述 ABR 所在区域内的路由信息（LSA1，LSA2）
LSA4：ASBR Summary LSA	ABR	区域间传递	通告 ABR 所在区域内的 ASBR 信息
LSA5：AS External LSA	ASBR	区域间传递	通告外部路由（RIP、BGP 等）

12.3.5　OSPF 的区域类型

OSPF 将区域分为骨干区域和非骨干区域，其中非骨干区域又划成了四类：标准区域（Standard Area）、末节区域（Stub Area）、完全末节区域（Totally Stub Area）和不完全末节区域（Not-So-Stubby Area，NSSA）。

标准区域（Standard Area）：标准区域是 OSPF 网络的默认区域，标准区域内所有类型的 LSA（链路状态通告）都能传输，如图 12.10 所示。标准区域是最通用的区域。

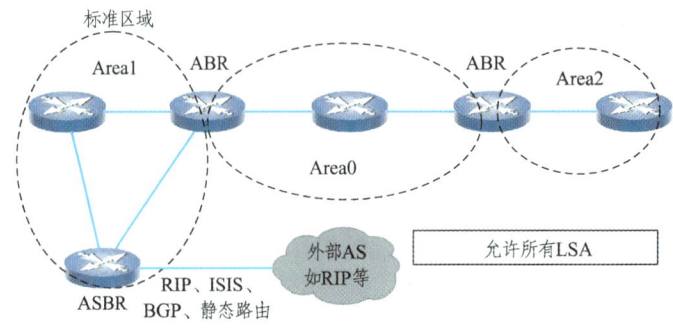

图 12.10 标准区域

末节区域(Stub Area)：末节区域是一种特殊区域，用于进一步减少路由信息的交换，在末节区域内，不能接收 OSPF AS 外部的 LSA（LSA 4 和 LSA 5）信息，只接收区域间 LSA（LSA 3）信息和本区域内 LSA（LSA 1 和 LSA 2）信息，当需要到外部 AS 时，Stub 区域的 ABR 将生成一条缺省路由，并发布给 Stub 区域中的其他非 ABR 路由器，如图 12.11 所示。一般情况下，Stub 区域位于自治系统的边界，是只有一个 ABR 的非骨干区域，并且骨干区域不能配置成 Stub 区域。如果要将一个区域配置成 Stub 区域，则该区域中的所有路由器都要配置 Stub 区域属性。Stub 区域内不能存在 ASBR。

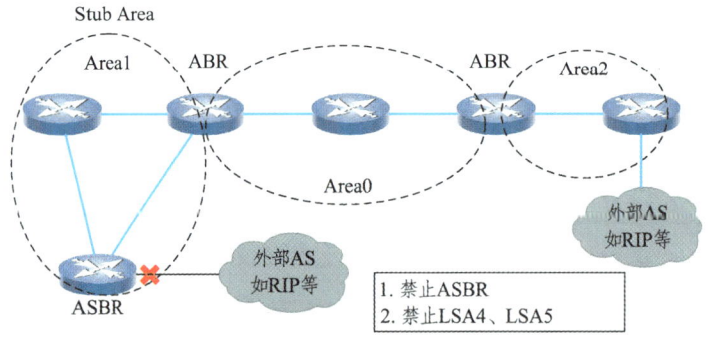

图 12.11 末节区域

完全末节区域（Totally Stub Area）：在末节区域的基础上，进一步禁止了 LSA3，仅保留 ABR 发送过来的缺省路由。在完全末节区域只允许发布区域内路由（LSA 1 和 LSA 2），如图 12.12 所示。

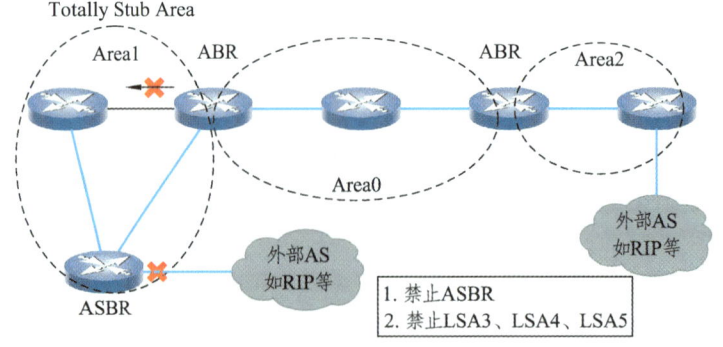

图 12.12 完全末节区域

不完全末节区域（NSSA）：NSSA 是 Stub 区域的一个变形，它与 Stub 区域有许多相似的地方。NSSA 区域不允许存在 LSA5。但是 NSSA 区域允许引入自治系统外部路由，携带这些外部路由信息的 LSA7 由 NSSA 的 ASBR 产生，LSA7 仅在本 NSSA 内传播。当 Type7 LSA 到达 NSSA 的 ABR 时，由 ABR 将 Type7 LSA 转换成 Type5 LSA，泛洪到整个 OSPF 域中，如图 12.13 所示。

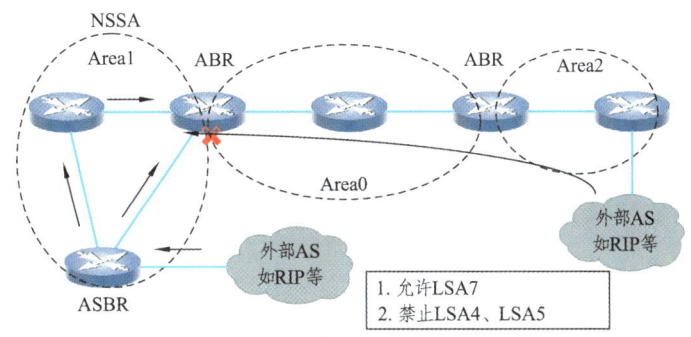

图 12.13　完全末节区域

12.4　配置示例

某分公司原来的办公楼和研发中心分别有内部局域网，办公楼的终端使用的是 172.16.0.34/28 网段，研发中心的终端使用的是 172.16.0.18/28 网段。现在通过研发中心的路由器连接了总公司。总公司使用的是 10.0.0.0/24 网段，并且连接所有分公司都使用的是 OSPF 协议。

1. 配置思路

（1）总公司使用的是 OSPF 协议，分公司也可以使用 OSPF 协议，方便网络后续扩容。
（2）为减少分公司的网络变化影响总公司，将分公司和总公司设置成不同的区域。

2. 拓扑图规划

根据网络需求规划网络拓扑图，如图 12.14 所示。

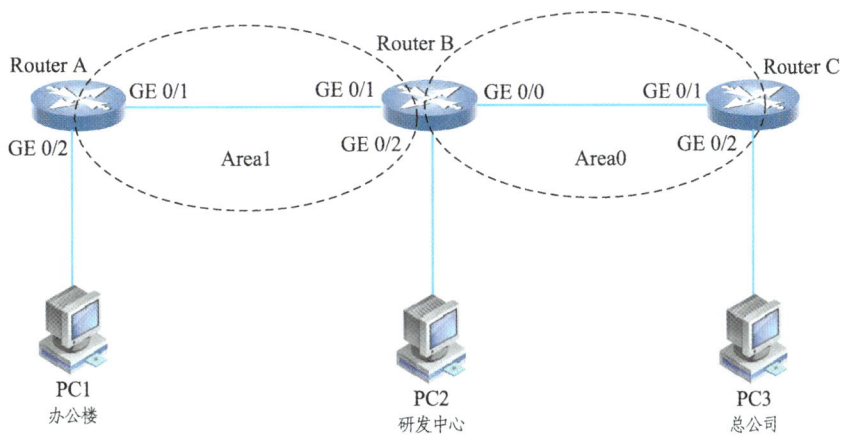

图 12.14　OSPF 示例

3. 数据规划

根据网络拓扑图和需求分析，完成网络数据的规划，见表12.2。

表 12.2 数据规划

本端			对端		
设备名称	端口	IP 地址	设备名称	端口	IP 地址
PC1		172.16.0.34/28	Router A	GE 0/2	172.16.0.33/28
Router A	Loopback	1.1.1.1/32			
Router A	GE 0/1	192.168.0.253/30	Router B	GE 0/1	192.168.0.254/30
PC2		172.16.0.18/28	Router B	GE 0/2	172.16.0.17/28
Router B	Loopback	2.2.2.2/32			
Router C	GE 0/1	192.168.0.250/30	Router B	GE 0/0	192.168.0.249/30
Router C	Loopback	3.3.3.3/32			
PC3		10.0.0.2/28	Router C	GE 0/2	10.0.0.1/28

4. 配置步骤

（1）Router A 的数据配置：

步骤一：按照数据规划表完成 Router A 的接口数据配置，执行命令如下：

```
[Router A]interface GigabitEthernet0/0/1
[Router A-GigabitEthernet0/0/1]description To Router B
[Router A-GigabitEthernet0/0/1]ip address 192.168.0.253 30
[Router A-GigabitEthernet0/0/1]interface GigabitEthernet0/0/2
[Router A-GigabitEthernet0/0/2]description To PC1
[Router A-GigabitEthernet0/0/2]ip address 172.16.0.33 28
```

步骤二：配置 Router A 的 loopback 地址，执行命令如下：

```
[Router A]interface LoopBack 1
[Router A-LoopBack1]ip address 1.1.1.1 32
```

步骤三：启动 OSPF 协议并进入 OSPF 协议视图（命令：**ospf** [process-id/router-id {router-id}]），执行命令如下：

```
[Router A] ospf            //创建一个OSPF协议并进入OSPF协议视图
[Router A-ospf-1]
```

📖 配置说明

①ospf-1 中的 1 代表的是进程号（process-id），如果命令 ospf 没有写明进程号，则默认是 1。

②在执行命令时如果不指定 router-id，则路由器会按照规则生成一个值作为 router-id。

③router-id 会优先选择 loopback 地址中最小的 IP 地址，如果没有 loopback 接口，则选择物理接口中最小的 IP 地址。

④router-id 是 OSPF 网络中路由器的唯一标识，全局唯一，不能重复；一旦选定，不可更改，除非重新启动 OSPF 进程。

步骤四：创建并进入 OSPF 区域视图（命令：**area** {area-id}），执行命令如下：

```
[Router A-ospf-1]area 1          //创建一个 Area ID=0.0.0.1 的区域
[Router A-ospf-1-area-0.0.0.1]
```

📖 配置说明

①"area-id"是一个 32 b 的二进制数，通常用十进制的整数来表示。

②如果网络是单域，则只能使用骨干域，即 area 0。

③如果有多个域，必须要包括骨干域（area 0），其余非骨干域必须与骨干域直接连接，并且不能是虚连接。

④骨干域不可被非骨干域分割。

步骤五：指定运行 OSPF 协议的接口：**network** {network-address wildcard-mask}，执行命令如下：

```
[Router A-ospf-1-area-0.0.0.1]network 192.168.0.252 0.0.0.3
[Router A-ospf-1-area-0.0.0.1]network 172.16.0.32 0.0.0.15
```

📖 配置说明

①在 OSPF 协议中参数"network-address"：子网的网络地址。

②参数"wildcard-mask"称为通配符掩码（反掩码），是一个 32 b 的二进制数，可以用点分十进制数表示。

③通配符掩码计算方式：通配符掩码=（255−掩码）.（255−掩码）.（255−掩码）.（255−掩码），例如：

255.255.255.240→0.0.0.15

255.255.255.224→0.0.0.31

步骤六：保存配置数据（命令：**save**[configuration-file]）。

（2）Router B 的数据配置：

步骤一：按照数据规划表完成 Router B 的接口数据配置，执行命令如下：

```
[Router B]interface LoopBack 1
[Router B-LoopBack1]ip address 2.2.2.2 32
[Router B-LoopBack1]interface GigabitEthernet0/0/0
[Router B-GigabitEthernet0/0/0]description To Router C
[Router B-GigabitEthernet0/0/0]ip address 192.168.0.249 30
[Router B-GigabitEthernet0/0/0]interface GigabitEthernet0/0/1
[Router B-GigabitEthernet0/0/1]description To Router A
[Router B-GigabitEthernet0/0/1]ip address 192.168.0.254 30
[Router B-GigabitEthernet0/0/1]interface GigabitEthernet0/0/2
[Router B-GigabitEthernet0/0/2]description To PC2
[Router B-GigabitEthernet0/0/2]ip address 172.16.0.17 28
```

步骤二：配置 OSPF 协议 area 1 数据，执行命令如下：

```
[Router B]ospf
[Router B-ospf-1]area 1
[Router B-ospf-1-area-0.0.0.1]network 192.168.0.252 0.0.0.3
```

步骤三：配置 OSPF 协议 area 0 数据，执行命令如下：

```
[Router B-ospf-1-area-0.0.0.1]area 0
[Router B-ospf-1-area-0.0.0.0]network 192.168.0.248 0.0.0.3
```

 注意

在配置多个区域时，一定要注意 Area ID。

步骤四：引入其他路由协议（命令：**import-route**{static/ospf/direct/ bgp/isis}），执行命令如下：

```
[Router B-ospf-1-area-0.0.0.0]quit
[Router B-ospf-1]import-route direct           //在 OSPF 协议中引入直连路由
```

📖 配置说明

①PC2 所在的网段都通过命令"import-route direct"将直连路由引入 OSPF 中，成为 type5 LSA。

②路由器只要使用了命令"import-route"，即成为自治域系统边界路由器（ASBR）。

③末节域和完全末节域不能使用"import-route direct"引入其他路由协议。

④引入直连路由也可以使用命令"network"将直连网络逐个引入，对应的直连网络端口称为 OSPF 协议端口，该端口将发送和接收 Hello 包，成为 type1 LSA。

⑤使用命令"import-route"引入的外部路由优先级为 150，而通过命令"network"宣告的路由优先级为 10。

步骤五：保存配置数据（命令：**save**[configuration-file]）。

（3）Router C 的数据配置：

步骤一：按照数据规划表完成 Router C 的接口数据配置，执行命令如下：

```
[Router C]interface GigabitEthernet0/0/1
[Router C-GigabitEthernet0/0/1]description To Router B
[Router C-GigabitEthernet0/0/1]ip address 192.168.0.250 30
[Router C-GigabitEthernet0/0/1]interface GigabitEthernet0/0/2
[Router C-GigabitEthernet0/0/2]description To PC3
[Router C-GigabitEthernet0/0/2]ip address 10.0.0.1 28
[Router C-GigabitEthernet0/0/2]interface LoopBack1
[Router C-LoopBack1]ip address 3.3.3.3 32
```

步骤二：配置 OSPF 协议，执行命令如下：

```
[Router C]ospf
[Router C-ospf-1]area 0
[Router C-ospf-1-area-0.0.0.0]network 10.0.0.2 0.0.0.15
[Router C-ospf-1-area-0.0.0.0]network 192.168.0.248 0.0.0.3
```

步骤三：保存配置数据（命令：**save**[configuration-file]）。

5. 查询配置结果

步骤一：查看 Router A 的路由表状态（命令：**display ip routing-table**），执行命令如下：

```
[Router A]display ip routing-table
Destination/Mask   Proto    Pre   Cost   Flags   NextHop         Interface
1.1.1.1/32         Direct   0     0      D       127.0.0.1       LoopBack1
2.2.2.2/32         O_ASE    150   1      D       192.168.0.254   GigabitEthernet 0/0/1
10.0.0.0/28        OSPF     10    3      D       192.168.0.254   GigabitEthernet 0/0/1
172.16.0.16/28     O_ASE    150   1      D       192.168.0.254   GigabitEthernet 0/0/1
172.16.0.32/28     Direct   0     0      D       172.16.0.33     GigabitEthernet 0/0/2
192.168.0.248/30   OSPF     10    2      D       192.168.0.254   GigabitEthernet 0/0/1
192.168.0.252/30   Direct   0     0      D       192.168.0.253   GigabitEthernet 0/0/1
```

步骤二：查看 Router B 的路由表状态（命令：**display ip routing-table**），执行命令如下：

```
[Router B]display ip routing-table
Destination/Mask   Proto    Pre   Cost   Flags   NextHop         Interface
2.2.2.2/32         Direct   0     0      D       127.0.0.1       LoopBack1
10.0.0.0/28        OSPF     10    2      D       192.168.0.250   GigabitEthernet 0/0/0
172.16.0.16/28     Direct   0     0      D       172.16.0.17     GigabitEthernet 0/0/2
172.16.0.32/28     OSPF     10    2      D       192.168.0.253   GigabitEthernet 0/0/1
192.168.0.248/30   Direct   0     0      D       192.168.0.249   GigabitEthernet 0/0/0
192.168.0.252/30   Direct   0     0      D       192.168.0.254   GigabitEthernet 0/0/1
```

步骤三：查看 Router C 的路由表状态（命令：**display ip routing-table**），执行命令如下：

```
[Router C]display ip routing-table
Destination/Mask   Proto    Pre   Cost   Flags   NextHop         Interface
2.2.2.2/32         O_ASE    150   1      D       192.168.0.249   GigabitEthernet 0/0/1
3.3.3.3/32         Direct   0     0      D       127.0.0.1       LoopBack1
10.0.0.0/28        Direct   0     0      D       10.0.0.1        GigabitEthernet 0/0/2
172.16.0.16/28     O_ASE    150   1      D       192.168.0.249   GigabitEthernet 0/0/1
172.16.0.32/28     OSPF     10    3      D       192.168.0.249   GigabitEthernet 0/0/1
192.168.0.248/30   Direct   0     0      D       192.168.0.250   GigabitEthernet 0/0/1
192.168.0.252/30   OSPF     10    2      D       192.168.0.249   GigabitEthernet 0/0/1
```

📖 思考

①为何路由表中获取的 OSPF 路由项有些优先级是 150，有些是 10。

②为何 Router A 和 Router C 都有 2.2.2.2/32 的路由，而 Router B 却没有 1.1.1.1/32 和 3.3.3.3/32 的路由。

步骤四:PC1、PC2 和 PC3 之间通过互 ping 测试。

6. 常用命令汇总

VLAN 配置中常用的命令见表 12.3。

表 12.3 常用命令

命令名称	命令	说明
创建并运行 OSPF 进程	**ospf** [process-id/**router-id**{router-id}]	必选
创建并进入 OSPF 区域视图	**area** {area-id}	可选
发布指定网段	**network**{network-address}	必选
从其他路由协议引入路由	**import-route**{static/rip/direct/bgp/isis}	可选
显示 OSPF 的接口信息	**display ospf** [process-id]**interface**	可选
显示 OSPF 的链路状态数据库信息	**display ospf** [process-id]**lsdb**	可选
显示 OSPF 路由表的信息	**display ospf** [process-id]**routing**	可选
查看路由器的邻居信息	**display ospf** [process-id]**peer**	可选
配置当前区域为 Stub 区域	**stub**[no-summary/default-route-advertise backbone-peer-ignore]	可选

项目 13 DHCP

13.1 DHCP 概述

在大型企业网络中，一般会有大量的主机等终端设备。每个终端都需要配置 IP 地址等网络参数才能接入网络。在小型网络中，终端数量很少，可以手动配置 IP 地址。但是在大中型网络中，终端数量很多，手动配置 IP 地址工作量大，而且配置时容易导致 IP 地址冲突等错误。DHCP（Dynamic Host Configuration Protocol，动态主机配置协议）能够动态地为主机分配多种参数，比较常见的是为主机分配 IP 地址、掩码、缺省网关、DNS 服务器地址等，很好地解决了手工配置 IP 地址时的各种问题。

DHCP 采用的是客户端/服务器模式，这里的服务器只是一个服务器程序，可以运行在 PC 机上，也可以在高性能服务器上，还可以在路由器、三层交换机上。同样的客户端也只是一个应用程序，只要能支持 DHCP 功能的终端都可以成为客户端。DHCP 客户端主动向服务器提出请求，服务器根据策略返回相应配置信息，客户端使用从服务器获得的配置信息进行数据通信。

DHCP 协议报文采用 UDP 方式封装。DHCP 服务器所侦听的端口号是 67，客户端的端口号是 68。

13.2 DHCP 的工作原理

13.2.1 DHCP 的基本工作流程

如图 13.1 所示，当 DHCP 客户端和 DHCP 服务器在同一个二层网络中时，首次接入网络的 DHCP 客户端与 DHCP 服务器之间的报文交互分为四个阶段：发现阶段、提供阶段、请求阶段和确认阶段。

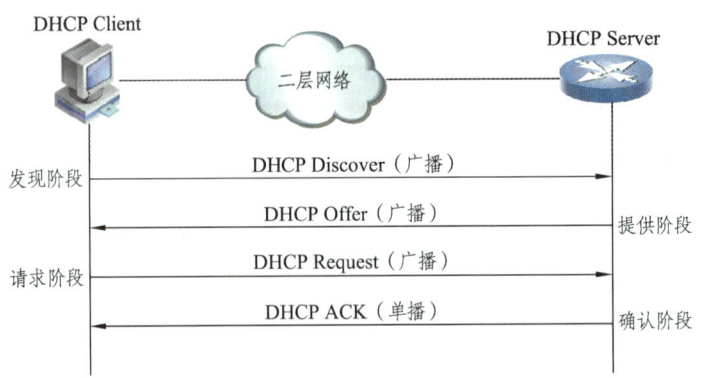

图 13.1 二层网络中首次获取 IP 地址的工作流程

发现阶段：首次接入网络的 DHCP 客户端并不知道 DHCP 服务器的信息，因此 DHCP 客户端只能以广播方式在整个二层网络向同一个网段内的所有设备发送 DHCP Discover 报文（这个广播消息包含在 UDP 数据包中，目的 IP 地址为 255.255.255.255，目的端口是 67，源端口是 68）。

提供阶段：在同一个二层网络中，与 DHCP 客户端位于同一网段的 DHCP 服务器都会接收到 HDCP 客户端发送的 DHCP Discover 报文。DHCP 服务器根据 IP 地址分配的优先次序，从与接收 DHCP Discover 报文接口处于同一网段的地址池中选择一个可用的 IP 地址，然后通过 DHCP Offer 报文以广播的方式发送给 DHCP 客户端。

请求阶段：如果有多个 DHCP 服务器向 DHCP 客户端回应了 DHCP Offer 报文，则 DHCP 客户端一般只接收第一个收到的 DHCP Offer 报文，然后以广播方式发送 DHCP Request 报文。该报文包含 DHCP 服务器在 DHCP Offer 报文中分配的 IP 地址。

确认阶段：DHCP 服务器收到 DHCP 客户端发来的 DHCP Request 报文后，只有 DHCP 客户端选择的服务器会进行如下操作：如果提供的 IP 地址未被其他客户端使用，确认将地址分配给该客户端，则返回一条 DHCP ACK 报文，确认客户端可以使用该 IP 地址和配置信息。否则返回 DHCP NAK 报文，表明地址不能分配给该客户端，并且以单播方式发送给 HDPC 客户端。

13.2.2　DHCP 中继代理工作流程

当 DHCP 客户端和 DHCP 服务器不在同网段时，客户端发出的 DHCP Discover 报文是无法通过二层网络的广播到达服务器的，此时就需要在客户端所在的二层网络中添加一个 DHCP 中继，并保证 DHCP 中继与 DHCP 服务器之间能正常通信。如图 13.2 所示，在有 DHCP 中继的情况下，首次接入网络的 DHCP 客户端和 DHCP 服务器的工作原理与无中继场景时 DHCP 客户端首次接入网络的工作原理相同。其主要差异是增加了 DHCP 中继在 DHCP 服务器和 DHCP 客户端之间转发 DHCP 报文，以保证 DHCP 服务器和 DHCP 客户端可以正常交互。

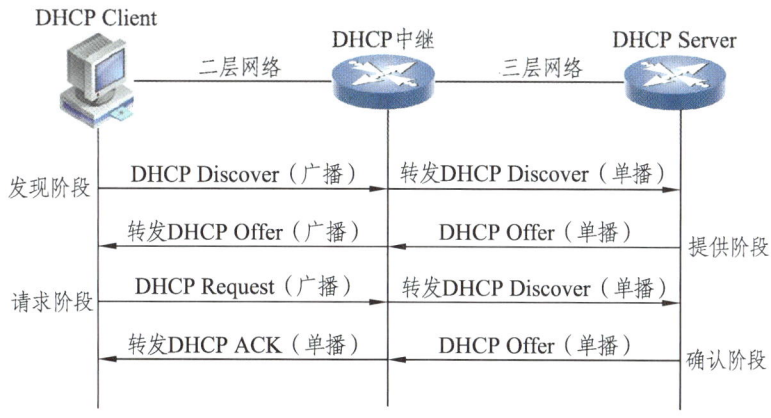

图 13.2　DHCP 中继的工作流程

13.2.3　DHCP 释放

DHCP 客户端收到 DHCP 服务器包含配置参数的 DHCP ACK 报文后，会发送 ARP 报文进行探测，目的地址为 DHCP 服务器分配的 IP 地址，如果 DHCP 客户端探测到地址没有被使用，那么 DHCP 客户端就会使用该地址。如果 DHCP 客户端探测到地址已经被分配，DHCP 客户端会发送给 DHCP 服务器 DHCP Release 报文，表明拒绝使用该地址，然后重新广播 DHCP Discover 报文，开始新的 DHCP 进程，如图 13.3 所示。

图 13.3　DHCP 释放的工作流程

13.2.4　DHCP 租期更新

DHCP 服务器分配给客户端的每一个 IP 地址都定义了一个使用期限，该使用期限被称为租期。租期到期前，DHCP 客户端如果仍需要使用该 IP 地址，可以请求延长租期；如果不需要，可以主动释放该 IP 地址。租期到期或者客户端下线释放地址后，服务器会收回该 IP 地址，收回的 IP 地址可以继续分配给其他客户端使用。这种机制可以提高 IP 地址的利用率，避免客户端下线后 IP 地址继续被占用。

DHCP 客户端不会等到租期到期后再申请 IP 地址，这样会导致 IP 地址被服务器回收，然后分配给其他客户端。为保证能够使用原来的 IP 地址，客户端会在租期到期前的某个时间点就开始申请延长租期。

当租期达到总时长的 50%时，如图 13.4 所示，DHCP 客户端会向为它分配 IP 地址的 DHCP 服务器单播发送 DHCP Request 报文，以进行 IP 租期的更新。DHCP 服务器收到请求消息后，会向客户端发送 DHCP ACK 报文，则租期更新成功（即租期从 0 开始计算）；如果收到 DHCP NAK 报文，则客户端重新发送 DHCP Discover 报文请求新的 IP 地址。

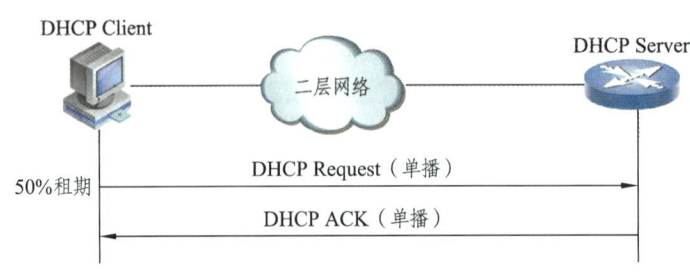

图 13.4　DHCP 租期更新 1

\ 项目 13　DHCP \

如果租约在进行到 50%的时间点时尝试更新租期失败，如 DHCP 客户端没有收到 DHCP 服务器的 DHCP 应答报文，如图 13.5 所示，DHCP 客户端会在租约期限达到其 87.5%时，在网络中通过广播发送 DHCP Request 报文，请求更新 IP 地址租期。如果收到 DHCP 服务器回应的 DHCP ACK 报文，则租期更新成功（即租期从 0 开始计算）；如果收到 DHCP NAK 报文，则重新发送 DHCP Discover 报文请求新的 IP 地址；如果租期时间到期都没有收到服务器的回应，客户端将停止使用此 IP 地址，重新发送 DHCP Discover 报文请求新的 IP 地址。

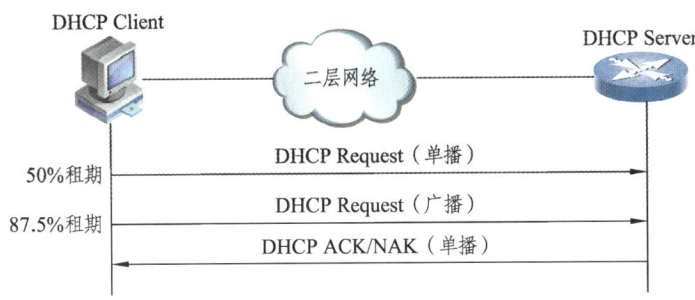

图 13.5　DHCP 租期更新 2

13.3　配置示例

某分公司采用一台三层交换机（Switch）和一台路由器（Router）组网，Switch 和 Router 之间采用静态路由连接，PC1、PC2、PC3 所在网段分别是 10.0.1.0/24、10.0.2.0/24 和 10.0.3.0/24，并且 PC1、PC2 与 Switch 直连，PC3 与 Router 直连。要求 PC1 通过 DHCP 接口模式从 Switch A 的接口直接获取 IP 地址；PC2 通过 DHCP 中继模式从服务器 Router A 获取 IP 地址；PC3 通过 DHCP 全局模式从 Router A 获取 IP 地址。所有终端分配的 DNS 服务器地址都是 8.8.8.8。

1. 拓扑图

网络拓扑图如图 13.6 所示。

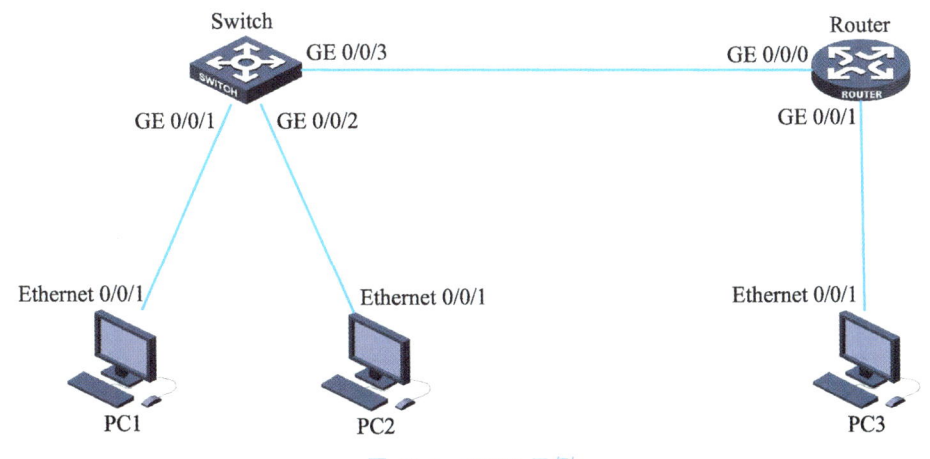

图 13.6　OSPF 示例

2. 数据规划

根据网络拓扑图和需求分析，完成网络数据的规划，见表 13.1。

表 13.1 数据规划

设备名称	端口	接口类型	VID	IP 地址	描述	备注
PC1	Ethernet 0/1			自动获取	to Switch A	DNS：8.8.8.8
PC2	Ethernet 0/1			自动获取	to Switch A	DNS：8.8.8.8
PC3	Ethernet 0/1			自动获取	to Router A	DNS：8.8.8.8
Switch A	GE 0/2	Access	20	10.0.2.1/24	to PC2	
Switch A	GE 0/1	Access	10	10.0.1.1/24	to PC1	
Switch A	GE 0/3	Access	30	192.168.0.254/30	to Router A	
Router A	GE 0/0			192.168.0.253/30	to Switch A	
Router A	GE 0/1			10.0.3.1/24	to PC3	

3. 配置步骤

（1）Switch 的基础数据配置：

步骤一：按照数据规划表完成 Switch 的二层数据配置，执行命令如下：

```
[Switch]vlan batch 10 20 30
[Switch]interface GigabitEthernet0/0/1
[Switch-GigabitEthernet0/0/1]port link-type access
[Switch-GigabitEthernet0/0/1]port default vlan 10
[Switch-GigabitEthernet0/0/1]interface GigabitEthernet0/0/2
[Switch-GigabitEthernet0/0/2]port link-type access
[Switch-GigabitEthernet0/0/2]port default vlan 20
[Switch-GigabitEthernet0/0/2]interface GigabitEthernet0/0/3
[Switch-GigabitEthernet0/0/3]port link-type access
[Switch-GigabitEthernet0/0/3]port default vlan 30
```

步骤二：配置 Switch 的 Vlanif 接口数据，执行命令如下：

```
[Switch]interface Vlanif 10
[Switch-Vlanif10]ip address 10.0.1.1 24
[Switch-Vlanif10]interface Vlanif 20
[Switch-Vlanif20]ip address 10.0.2.1 24
[Switch-Vlanif20]interface Vlanif 30
[Switch-Vlanif30]ip address 192.168.0.254 30
```

步骤三：配置到 Router 的缺省路由，执行命令如下：

```
[Switch]ip route-static 0.0.0.0 0.0.0.0 192.168.0.253
```

（2）Router 的基础数据配置：

步骤一：按照数据规划表完成 Router 的接口 IP 地址数据配置，执行命令如下：

```
[Router]interface GigabitEthernet0/0/0
[Router-GigabitEthernet0/0/0]description To Switch
[Router-GigabitEthernet0/0/0]ip address 192.168.0.253 30
[Router-GigabitEthernet0/0/0]interface GigabitEthernet0/0/1
IRouter-GigabitEthernet0/0/1]description To PC3
[Router-GigabitEthernet0/0/1]ip address 10.0.3.1 24
```

步骤二：配置到 Switch 的缺省路由数据，执行命令如下：

```
[Router]ip route-static 0.0.0.0 0.0.0.0 192.168.0.254
```

（3）PC1 网段的 DHCP 数据配置：

步骤一：在 Switch 上启动 DHCP 功能（命令：dhcp enable），执行命令如下：

```
[Switch]dhcp enable            //在设备全局使能 DHCP 功能
```

步骤二：在 Vlanif 10 接口设置 DHCP 工作模式（命令：dhcp select {global/interface/relay}），执行命令如下：

```
[Switch]interface Vlanif 10
[Switch-Vlanif10]dhcp select interface   //设置该接口的 DHCP 工作模式为接口模式
```

📖 配置说明

①不是所有的设备都支持接口模式。

②与其他两种模式相比，接口模式的配置比较简单，DHCP 服务器为每个接口或子网提供 IP 地址和其他配置信息。每个接口都有自己的独立配置，包括 IP 地址池和其他网络参数。接口模式适用于较大规模或复杂的网络，其中不同的子网或接口需要不同的配置。

步骤三：配置 DNS 服务器的 IP 地址（命令：dhcp server dns-list {ip-address}），执行命令如下：

```
[Switch-Vlanif10]dhcp server dns-list 8.8.8.8    //配置 DNS 服务器的 IP 地址
```

> 📖 小知识
>
> ①DNS 服务器地址是指用于解析域名的 DNS（Domain Name System）服务器的 IP 地址。DNS 服务器是一种特殊的服务器，它负责将域名转换为 IP 地址，使得计算机可以通过域名访问互联网上的各种服务和资源。
>
> ②当用户在浏览器中输入一个域名时，浏览器会向本地 DNS 服务器发送查询请求，本地 DNS 服务器会先在自己的缓存中查找对应的 IP 地址，如果没有找到，会向上级 DNS 服务器发送查询请求，直到找到对应的 IP 地址为止。因此，DNS 服务器地址的设置非常重要，它直接影响到域名解析的速度和准确性。

（4）PC3 网段的 DHCP 数据配置：

步骤一：在 Router 上启动 DHCP 协议（命令：dhcp enable），执行命令如下：

```
[Router]dhcp enable      //在设备全局使能 DHCP 功能
```

步骤二：创建 IP 地址池（命令：ip pool{ip-pool-name}），执行命令如下：

```
[Router]ip pool PC3      //创建一个名为 PC3 的 IP 地址池
```

步骤三：在地址池中添加分配给客户端的地址段（命令：network { ip-address } [mask{mask/mask-length}]），执行命令如下：

```
[Router-ip-pool-PC3]network 10.0.3.0 mask 24    //配置分配给 PC3 的 IP 地址段
```

步骤四：配置分配给客户端的网关 IP 地址（命令：gateway-list{ip-address}），执行命令如下：

```
[Router-ip-pool-PC3]gateway-list 10.0.3.1    //配置 PC3 的网关地址
```

步骤五：配置分配给客户端的 DNS 服务器的 IP 地址（命令：dns-list {ip-address}），执行命令如下：

```
[Router-ip-pool-PC3]dns-list 8.8.8.8    //配置 DNS 服务器的 IP 地址
```

步骤六：在对应的接口配置 DHCP 的工作模式（命令：dhcp select {global/interface/relay}），执行命令如下：

```
[Router-ip-pool-PC3]interface GigabitEthernet0/0/1
[Router-GigabitEthernet0/0/1]dhcp select global //配置 DHCP 工作模式为全局模式
```

（5）PC2 网段的 DHCP 数据配置：

步骤一：在 Switch 的 Vlanif 接口设置 DHCP 工作模式（命令：dhcp select {global/interface/relay}），执行命令如下：

```
[Switch]interface vlanif 20
[Switch-Vlanif20]dhcp select relay    //配置 DHCP 工作模式为中继模式
```

步骤二：配置 DHCP 服务器的 IP 地址（命令：dhcp relay server-ip {ip-address}），执行命令如下：

```
[Switch-Vlanif20]dhcp relay server-ip 192.168.0.253    //配置 DHCP 服务器的 IP 地址
```

步骤三：在 Router 配置 PC2 的地址池数据，执行命令如下：

```
[Router]ip pool PC2                            //创建名为 PC2 的 DHCP 地址池
[Router-ip-pool-PC2]network 10.0.2.0 mask 24   //配置分配给 PC2 的 IP 地址段
[Router-ip-pool-Pc2]gateway-list 10.0.2.1      //配置 PC2 的网关地址
[Router-ip-pool-Pc2]dns-list 8.8.8.8           //配置 DNS 服务器的 IP 地址
```

步骤四：配置接口工作模式，执行命令如下：

```
[Router]interface GigabitEthernet0/0/0
[Router-GigabitEthernet0/0/0]dhcp select global    //配置 DHCP 工作模式为全局模式
```

4. 查询配置结果

步骤一：查看 PC1 的 IP 地址获取情况，结果如图 13.7 所示。

\ 计算机网络基础 \

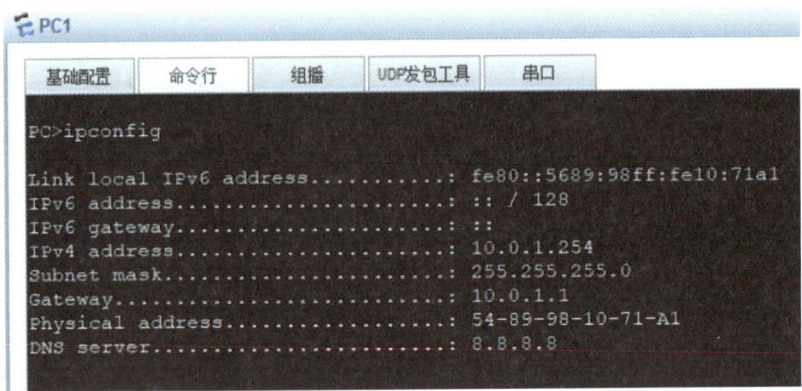

图 13.7　PC1 查询结果

步骤二：查看 PC2 的 IP 地址获取情况，结果如图 13.8 所示。

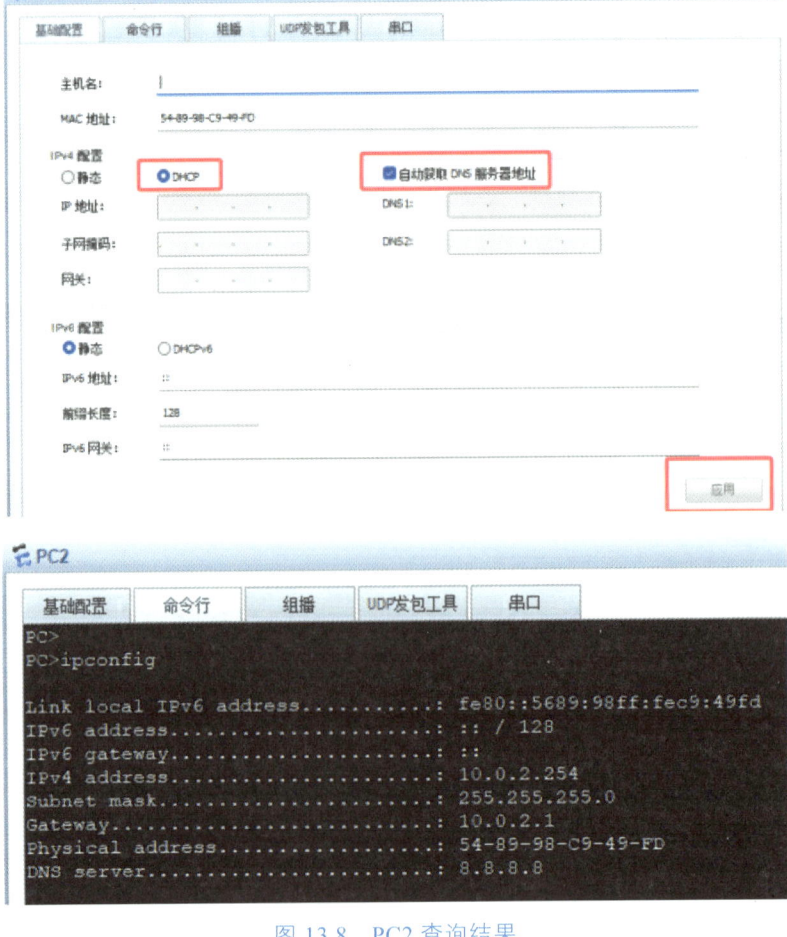

图 13.8　PC2 查询结果

步骤三：查看 PC3 的 IP 地址获取情况，结果如图 13.9 所示。

\ 项目 13　DHCP \

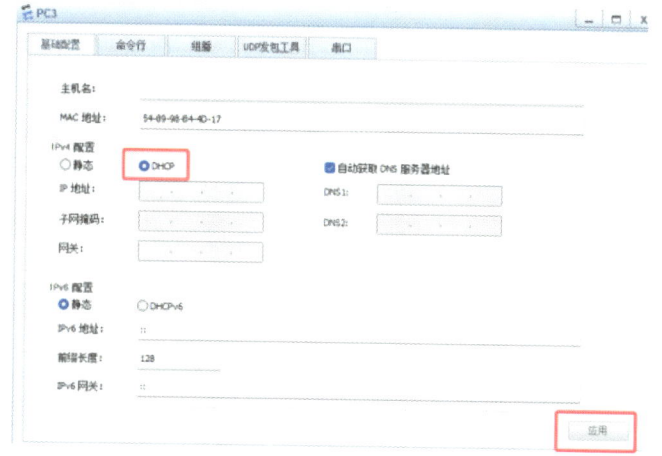

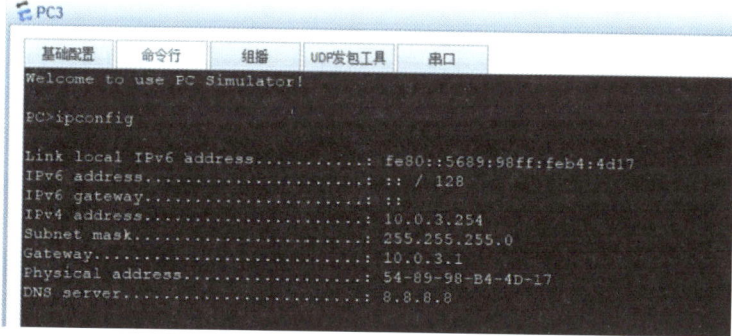

图 13.9　PC3 查询结果

5. 常用命令汇总

VLAN 配置中常用的命令见表 13.2。

表 13.2　常用命令

命令名称	命令	说明
启用 DHCP 功能	dhcp enable	必选
创建全局地址池	ip pool{ip-pool-name}	全局模式必选
配置地址池中的 IP 地址段	network { ip-address } [mask{mask/mask-length}]	全局模式必选
配置地址池中不参与自动分配的地址	excluded-ip-address{ ip-address ip-address }	可选
配置网关 IP 地址	gateway-list{ip-address}	全局模式必选
配置 DNS 服务地址	dhcp server dns-list {ip-address}	可选
配置租约期	lease{day day [hour hour[minute minute]]/unlimited}	可选
配置服务方式	dhcp select {global/interface/relay}	必选
在 DHCP 中继代理配置 DHCP 服务器 IP	dhcp relay server-ip {ip-address}	中继模式必选
查看 DHCP 地址池中的地址分配情况	display ip pool	可选

项目 14　访问控制列表

访问控制列表（Access Control List，ACL）是一种网络设备中常用的安全策略工具，用于控制网络流量的进出。ACL 通过定义一系列规则来决定哪些数据包可以被允许通过网络设备，哪些数据包应该被拒绝。这些规则基于数据包的源地址、目的地址、端口号、协议类型及其他参数来过滤流量。

ACL 广泛应用于各种网络环境中，如包过滤、流量过滤、服务质量（QOS）、监控和记录、NAT 等。

14.1　ACL 的工作原理

14.1.1　基于包过滤的 ACL 的基本原理

ACL 在网络中的作用有很多，这里以基于包过滤的 ACL 为例进行介绍。如图 14.1 所示，数据包进入路由器后会检查入端口是否存在 ACL，如果不存在正在运行的入端口 ACL，则直接匹配路由表；如果存在正在运行的入端口 ACL，则根据 ACL 的规则判断该 IP 报文是丢弃还是继续匹配路由表。在匹配上路由表后，IP 报文在出端口，还需要检查出端口是否存在 ACL，如果不存在正在运行的出端口 ACL，则直接对该报文封装转发；如果存在正在运行的出端口 ACL，则根据出端口 ACL 规则判断是丢弃还是继续封装转发。

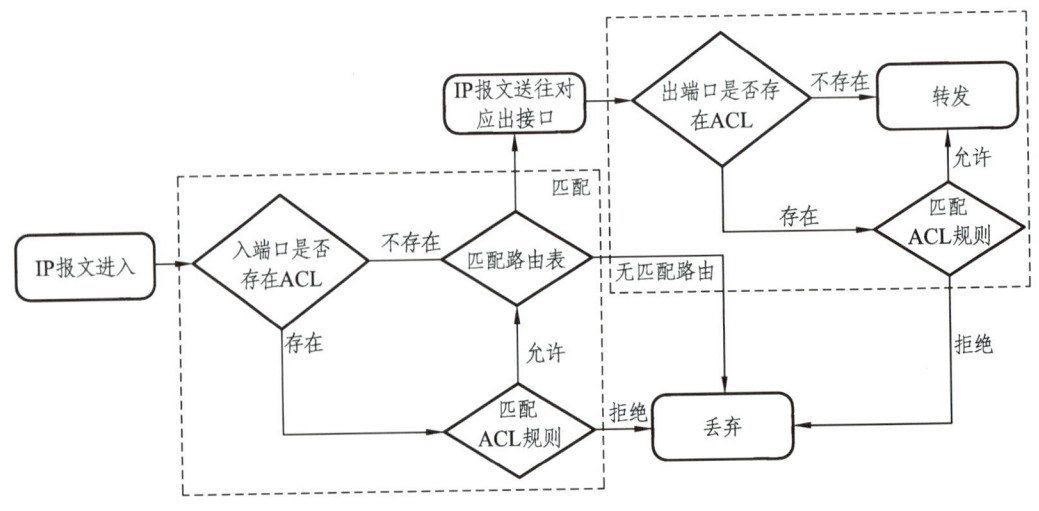

图 14.1　基 ACL 的基本原理

14.1.2 ACL 匹配规则

ACL 是由多条规则（rule）语句组成的一个集合，每一条规则语句都定义了一个匹配条件及其相应动作。ACL 规则的匹配条件主要包括数据包的源 IP 地址、目的 IP 地址、协议号、源端口号、目的端口号等；另外，还可以有 IP 优先级、分片报文位、MAC 地址、VLAN 信息等。不同的 ACL 分类所能包含的匹配条件也不同。ACL 规则的动作只有两个：允许（Pemmit）或拒绝（Deny）。每一条规则都有一个编号（rule ID），编号的顺序就是匹配规则的顺序。

如图 14.2 所示，设备收到数据后，会从第一条规则开始逐条匹配 ACL 规则，看其是否匹配。一旦找到一条匹配的规则，则执行规则中指定的动作，并且该数据不再继续与后续规则进行匹配。如果不匹配，则匹配下一条。如果到最后都找不到匹配的规则，则根据设备的默认规则设定动作进行处理。

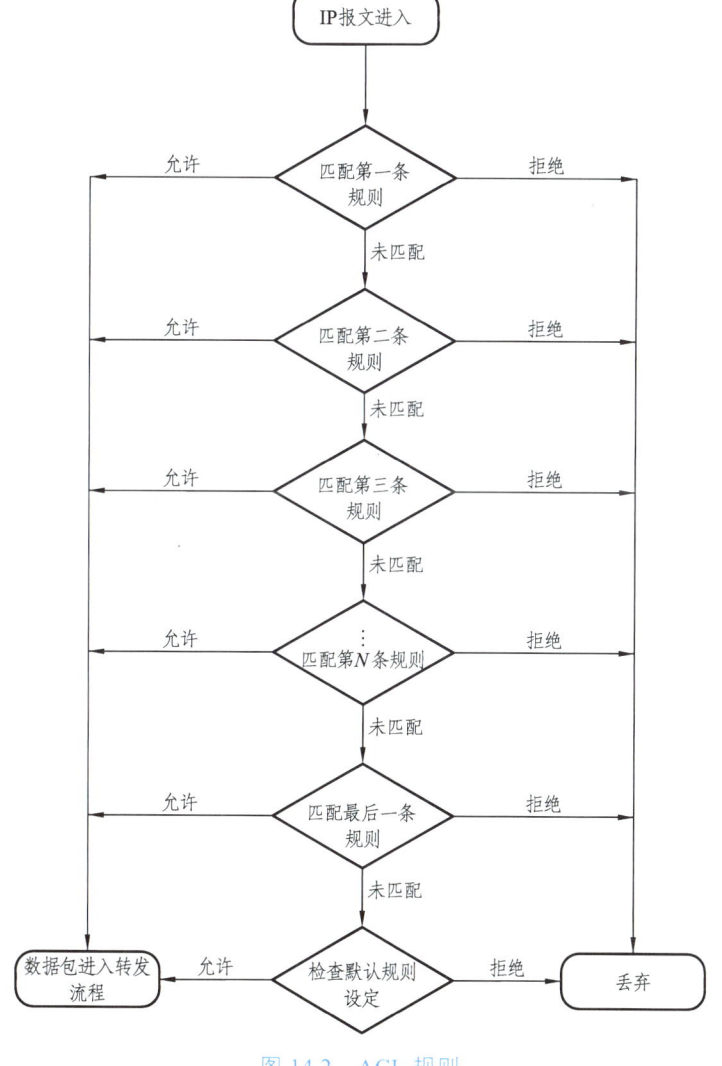

图 14.2 ACL 规则

ACL 可应用于某个具体的 IP 接口的出方向或入方向，也可应用于系统的某种特定的服务（如 Telnet、NAT 等）。ACL 只有在具体的应用中才能生效，并且对于一个协议或一个接口的一个方向上，在同一时间内只能设置一个 ACL。

在 ACL 规则的匹配过程中，因为在一条规则匹配上后，后面的规则就不再进行匹配，所以规则的顺序非常重要。条件限制范围小的规则在 ACL 的前面优先匹配，故规则编号应该小一些，例如，先匹配条件是单个主机地址的，然后匹配条件是网段类的，最后匹配条件是所有 IP 地址的。

14.1.3　ACL 的分类

根据不同的划分规则，ACL 可以有不同的分类。最常见的三种分类是基本 ACL、高级 ACL 和二层 ACL。

基本 ACL：只使用报文的源 IP 地址匹配报文，其编号取值范围是 2000～2999（不同厂商的设备编号不一样）。

高级 ACL：可以使用报文的源/目的 IP 地址、源/目的端口号及协议类型等信息来匹配报文。高级 ACL 可以定义比基本 ACL 更准确、更丰富、更灵活的规则，其编号取值范围是 3000～3999（不同厂商的设备编号不一样）。

二层 ACL：可以使用源/目的 MAC 地址及二层协议类型等二层信息来匹配报文，其编号取值范围是 4000～4999（不同厂商的设备编号不一样）。

基本 ACL 因为只能以源 IP 地址进行匹配，所以在网络中通常设置在靠近目的地的位置。高级 ACL 能以多种参数作为匹配条件，因此匹配更精准，应用场景更多，在网络中通常设置在靠近源地址的位置。

14.2　配置示例

某公司采用两台 AR2240 路由器搭建网络，该公司有财务部、行政部和市场部三个部门，为保证公司的信息安全，财务部只有行政部和市场部的两个经理能够访问，其余人员都不能访问。另外，由于网络维护人员的办公地点在行政部，与路由器 A 在一起，为便于管理，需要通过 Telnet 远程登录位于市场部的路由器 B，为了网络安全，只能由网络维护人员通过路由器 A 的 Loopback 地址在工作日远程登录路由器 A。

1. 拓扑图

网络拓扑图如图 14.3 所示。

2. 配置思路

（1）在市场部路由器启用 Telnet 功能，采用密码验证方式（密码：admin@123），并且增加一个基本 ACL，只允许指定 IP 登录。

（2）在财务部对应的设备端口出口方向设置一个基本 ACL，只允许两个部门的经理访问。

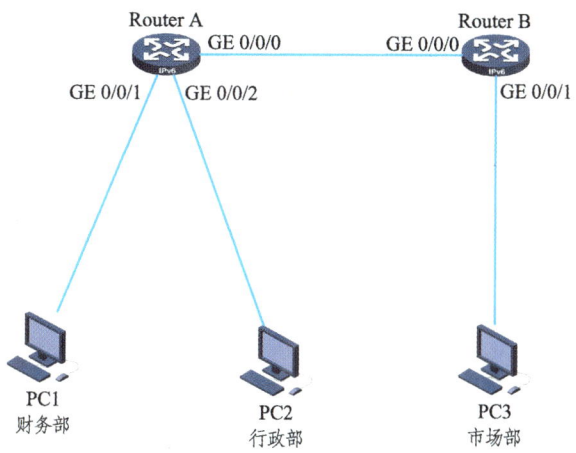

图 14.3 基本 ACL

3. 数据规划

根据网络拓扑图和需求分析，完成网络数据的规划，见表 14.1。

表 14.1 数据规划

本端			对端		
设备名称	端口	IP 地址	设备名称	端口	IP 地址
PC1	Ethernet0/0/1	172.16.10.2/24	Router A	GE 0/0/1	172.16.10.1/24
PC2	Ethernet0/0/1	172.16.20.2/24	Router A	GE 0/0/2	172.16.20.1/24
PC3	Ethernet0/0/1	172.16.30.2/24	Router B	GE 0/0/1	172.16.30.1/24
Router A	GE 0/0/0	192.168.0.253/30	Router B	GE 0/0/0	192.168.0.254/30
Router A	Loopback	1.1.1.1/32			
Router B	Loopback	1.1.1.2/32			
行政部经理		172.16.20.10/24			
市场部经理		172.16.30.10/24			

4. 配置步骤

（1）Router A 的基础数据配置：

步骤一：按照数据规划表完成 Router A 的接口数据配置，执行命令如下：

```
[Router A]interface GigabitEthernet0/0/0
[Router A-GigabitEthernet0/0/0]ip address 192.168.0.253 30
[Router A-GigabitEthernet0/0/0]interface GigabitEthernet0/0/1
[Router A-GigabitEthernet0/0/1]ip address 172.16.10.1 24
[Router A-GigabitEthernet0/0/1]interface GigabitEthernet0/0/2
[Router A-GigabitEthernet0/0/2]ip address 172.16.20.1 24
[Router A-GigabitEthernet0/0/2]interface loopback1
[Router A-LoopBack1]ip address 1.1.1.1 32
```

步骤二：配置 Router A 的路由数据，执行命令如下：

```
[Router A]ospf
[Router A-ospf-1]import-route direct
[Router A-ospf-1]area 0
[Router A-ospf-1-area-0.0.0.0]network 192.168.0.252 0.0.0.3
```

（2）Router B 的基础数据配置：

步骤一：按照数据规划表完成 Router B 的接口数据配置，执行命令如下：

```
[Router B]interface GigabitEthernet0/0/0
[Router B-GigabitEthernet0/0/0]ip address 192.168.0.254 30
[Router B-GigabitEthernet0/0/0]interface GigabitEthernet0/0/1
[Router B-GigabitEthernet0/0/1]ip address 172.16.30.1 24
[Router B-GigabitEthernet0/0/1]interface loopback1
[Router B-LoopBack1]ip address 1.1.1.2 32
```

步骤二：配置 Router B 的路由数据，执行命令如下：

```
[Router B]ospf
[Router B-ospf-1]import-route direct
[Router B-ospf-1]area 0
[Router B-ospf-1-area-0.0.0.0]network 192.168.0.252 0.0.0.3
```

（3）Telnet 数据配置：

步骤一：在 Router B 上进入用户界面视图（命令 **user-interface** {ui-type} {first-ui-number [last-ui-number]}），执行命令如下：

```
[Router B]user-interface vty0 4        //创建5个用户界面并进入用户界面视图
[Router B-ui-vty0-4]
```

📖 配置说明

① "ui-type" 配置为 "console" 时，"first-ui-number" 一般是 0（一般一台设备就一个 Console 口）。

② "ui-type" 配置为 "VTY" 时，VTY 类型的用户界面一般有 15 个，"first-ui-number" 一般是 0，第 2 个是 1，以此类推。

步骤二：设置用户验证方式（authentication-mode{aaa/none/password}），执行命令如下：

```
[Router A-ui-vty0-4]authentication-mode password    //设置验证模式为密码验证
Please configure the login password (maximum length 16):admin@123   //设置密码
```

📖 配置说明

① "aaa" 表示验证方式为 AAA，需要输入正确的用户名和密码才能登录设备。
② "none" 表示不进行验证，可直接登录设备。
③ "password" 表示采用密码模式，只要输入密码即可登录设备。
④ 部分版本的路由器和交换机采用密码模式时需要使用命令 set authentication password {cipher/simple} {password}配置登录密码。

步骤三：配置 VTY 用户界面的用户级别（命令：user privilege level{level}），执行命令如下：

```
[Router A-ui-vty0-4]user privilege level 3    //设置用户级别为3级
```

📖 配置说明

①用户的级别分为 16 个级别，级别标识为 0~15，标识越高则级别越高。
②用户的级别和命令的级别是相对应的，即用户只能使用等于或低于自己级别的命令。
③缺省情况下，VTY 用户界面的用户级别为 0。

步骤四：在 Router A 使用 Telnet 命令远程登录 Router B（命令：telnet），执行命令如下：

```
<Router A>telnet 1.1.1.2           //远程登录 Router B
  Press CTRL_] to quit telnet mode
  Trying 1.1.1.2 ...
  Connected to 1.1.1.2 ...
Login authentication
Password:                          //输入密码（为了安全，密码一般不显示）
<Router B>
```

（4）配置 Router A 的基本 ACL：

步骤一：在 Router A 创建基本 ACL（命令：**acl** {acl-number}），执行命令如下：

```
[Router A]acl 2000           //创建一个编号为2000 的基本 ACL
[Router A-acl-basic-2000]
```

📖 配置说明

①基本 ACL：2000～2999。

②高级 ACL：3000～3999。

步骤二：根据规划要求配置基本 ACL 的规则（命令：**rule**[rule-id]{**deny/permit**} [**source** {source-address source-wildcard/**any**}] [**fragment**][**logging**][**time-range** {time-name}]），执行命令如下：

```
[Router A-acl-basic-2000]rule permit source 172.16.20.10 0.0.0.0
[Router A-acl-basic-2000]rule permit source 172.16.30.10 0.0.0.0
[Router A-acl-basic-2000]rule deny source any
```

📖 配置说明

①"rule-id"：表示这条规则的编号。

②"deny/permit"表示这条规则的处理动作是"拒绝"还是"允许"。

③"source-address"：表示具体的源 IP 地址。

④"source-wildcard"：表示与"source-address"对应的通配符。

⑤"any"：表示源 IP 地址可以是任何地址。

⑥"fragment"：表示该规则只对非首片分片报文有效。

⑦"logging"：表示需要将匹配上该规则的 IP 报文进行日志记录。

⑧"time-range"：表示该规则的生效时间段。

⑨ACL 的规则配置顺序原则是先配置小范围，再配置大范围（主机-网段-any）。

⑩ACL 中的规则按照 rule-id 从小到大的顺序生效。rule-id 越小则在 ACL 中的排序越靠前，越优先生效。在按顺序配置时可以不用填写。

⑪如果一个规则绑定了 time-range，当这个 time-range 状态被激活时，此 ACL 规则才会生效。

⑫在各类业务模块中应用 ACL 时，ACL 的默认动作各有不同，所以各业务模块对未匹配 ACL 规则报文的处理机制也各不相同。

⑬任何规则只要匹配上就会触发 ACL，后面的规则将不再生效，所以一定要注意配置 ACL 语句的顺序。

步骤三：在端口应用 ACL（命令：traffic-filter {inbound/outbound} acl{ acl-number }），执行命令如下：

```
[Router A]interface GigabitEthernet 0/0/1
[Router A-GigabitEthernet0/0/1]traffic-filter outbound acl 2000
```

📖 配置说明

①在端口应用 ACL 时一定要注意方向，有 inbound 和 outbound 两个方向，不同的方向对应 ACL 规则中的源和目的是不一样的。

②基本 ACL 一般配置在靠近目的端口的位置。

③ACL 规则建立后需要在具体的业务模块中才能生效。

（5）配置 Router B 的基本 ACL：

步骤一：创建 ACL 生效的时间段（命令：**time-range**{time-name } { start-time **to** end-time { days } &<1-7>/**from** time1 date1 [**to** time2 date2] }），执行命令如下：

```
[Router B]time-range working-time 08:00 to 17:00 working-day
```

步骤二：在 Router B 上创建基本 ACL（命令：**acl** {acl-number}），执行命令如下：

```
[Router B]acl 2000              //创建一个编号为 2000 的基本 ACL
[Router B-acl-basic-2000]
```

步骤三：根据规划要求配置基本 ACL 的规则，执行命令如下：

```
[Router B-acl-basic-2000]rule permit source 1.1.1.1 0.0.0.0 time-range working-time
[Router B-acl-basic-2000]rule deny source any
```

步骤四：在 VTY 用户界面应用 ACL，执行命令如下：

```
[Router B]user-interface vty 0 4
[Router B-ui-vty0-4]acl 2000 inbound      //在用户界面的入方向应用 ACL 2000
```

5. 查询配置结果

步骤一：设置 ACL 后，PC2 和 PC3 与 PC1 之间无法 ping 通，将 PC2 和 PC3 的 IP 地址改成指定 IP 后能 ping 通，测试结果如下：

```
PC>ping 172.16.10.2          //PC2 和 PC3 与 PC1 之间的 ping 测试
Ping 172.16.10.2: 32 data bytes, Press Ctrl_C to break
Request timeout!
Request timeout!
Request timeout!
Request timeout!
PC>ping 172.16.10.2          //修改 PC2 和 PC3 的 IP 地址后与 PC1 之间的 ping 测试
```

```
Ping 172.16.10.2: 32 data bytes, Press Ctrl_C to break
From 172.16.10.2: bytes=32 seq=2 ttl=127 time=16 ms
From 172.16.10.2: bytes=32 seq=3 ttl=127 time=15 ms
From 172.16.10.2: bytes=32 seq=4 ttl=127 time=16 ms
From 172.16.10.2: bytes=32 seq=5 ttl=127 time<1 ms
```

步骤二：对 Router B 进行 Telnet 测试（命令：telnet -a {source-ip-address} {host-ip}），测试结果如下：

```
<Router A>telnet 1.1.1.2           //Router A 直接远程登录 Router B
  Press CTRL_] to quit telnet mode
  Trying 1.1.1.2 ...
  Error: Can't connect to the remote host
<Router A>telnet -a 1.1.1.1 1.1.1.2 //Router A 使用 loopback 地址远程登录 Router B
  Press CTRL_] to quit telnet mode
  Trying 1.1.1.2 ...
  Connected to 1.1.1.2 ...
Login authentication
Password:                          //输入 telnet 登录密码
<Router B>
```

6. 常用命令汇总

VLAN 配置中常用的命令见表 14.2。

表 14.2 常用命令

命令名称	命令	说明
配置规则生效时间段	time-range{time-name } { start-time to end-time { days } &<1-7>/from time1 date1 [to time2 date2] }	可选
创建一个 ACL	acl {acl-number}	必选
基础 ACL 规则	rule[rule-id]{deny/permit}[source{source-address source-wildcard/any}][fragment][logging][time-range{time-name}]	基础 ACL 必选
高级 ACL 规则	rule [rule-id] {deny/permit}{[protocol-number]ip/icmp/tcp/udp } [destination { destination-address destination-wildcard /any }]/ [destination-port{ eq port/gt port/lt port /range port-start port-end }]/{ { precedence precedence	tos tos } *	dscp dscp }/fragment/logging /source { source-address source-wildcard /any}/ source-port { eq port/gt port/lt port/range port-start port-end }	tcp-flag { ack	fin	psh	rst	syn	urg }*	time-range time-name]	高级 ACL 必选
配置 ACL 规则的描述信息	rule {rule-id} description {description}	可选
接口上配置基于 ACL 对报文进行过滤	traffic-filter { inbound / outbound } { acl /ipv6 acl } { acl-number / name acl-name }	包过滤必选

项目 15　网络地址转换

15.1　NAT 概述

随着网络设备数量的激增，IPv4 地址资源日益紧张，为缓解这一问题，通常会为企业和家庭网络分配可重复使用的私有 IPv4 地址。然而，公共互联网上没有私有地址的路由，限制了私网设备与公网的直接通信。

网络地址转换（Network Address Translation，NAT）作为一种解决方案，允许通过将内部网络中的私有 IP 地址转换为公共 IP 地址，使私网设备能够访问互联网。NAT 一般部署在内网与外网交界的网关上，当检测到出站数据包的源地址为私有地址且目的地址为公网地址时，NAT 设备将源地址替换为公网地址，确保数据包能在互联网上传输。同时，网关维护一张 NAT 映射表，用于追踪响应数据包并将其正确地转发回原始私网设备。这一过程不仅实现了地址转换，还为内部网络提供了一定程度的安全保护。

15.2　NAT 的工作原理

NAT 的实现方式有多种，主要分为静态 NAT、动态 NAT、NATP、Easy IP。这些实现方式适用于不同的场景。

15.2.1　静态 NAT

静态 NAT 通过在网关设备上预先配置好的映射表，将内部网络中的私有 IP 地址永久绑定到一个公共 IP 地址，使得内部指定设备能够始终使用固定的公共 IP 地址与外部网络通信，从而实现外部用户可以直接访问这些内部资源。

如图 15.1 所示，主机 A 和主机 B 在内部网络使用的是 192.168.100.0/24 网段的私网地址，如果要与互联网的主机 C（16.12.100.70）通信，就必须使用到 NAT 技术将私网地址转换成公网地址。在配置好映射表后，当主机 A 发送数据给主机 C 时，在连接公网的路由器上，主机 A 发送的数据包目的地址保持不变，源地址就会根据映射表从 192.168.100.2 转换成 20.89.70.5 这个公网地址，然后通过互联网发往主机 C；当主机 C 发送数据给主机 A 时，在该路由器上会根据映射表将目的地址从 20.89.70.5 转换成 192.168.100.2 这个私网地址，然后再通过内网发送给主机 A。同样地，主机 B 与主机 C 通信时，在该路由器上就会根据映射表，将私网地址转换成另外一个公网地址 20.89.70.6，用于主机 B 与公网主机通信。如果继续增加内网主机,则需要给每个内网的私网地址映射一个公网地址。

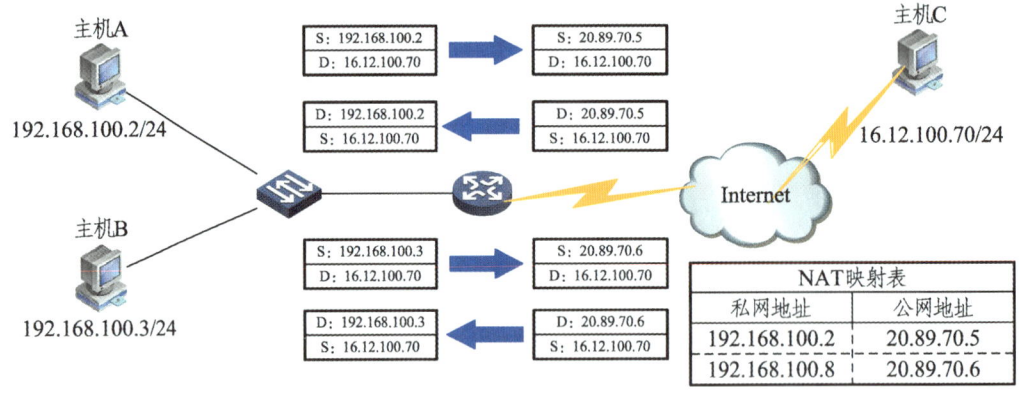

图 15.1　静态 NAT

静态 NAT 虽然实现了内部私有 IP 地址与外部公有 IP 地址之间的一对一映射。但是在静态 NAT 中,即使内部主机不活跃,其对应的公有 IP 地址也会一直保持映射状态,确保了内外网之间的双向通信。所以这种一对一的 IP 地址映射无法缓解公用地址短缺的问题。静态 NAT 通常用于需要从外部网络通过固定访问路径的场合,如对外提供服务的服务器或特定的网络设备。

15.2.2　动态 NAT

与静态 NAT 需要预先配置好映射表不同,动态 NAT 是通过预先设置一个公网地址池来实现的,客户端从地址池中随机分配 IP 地址。

如图 15.2 所示,在 NAT 路由器建立一个公网地址池,当主机 A 发送数据到达 NAT 路由器时,会从地址池中选择一个未使用的地址分配给主机 A,并且建立对应的 NAT 映射关系;当主机 B 发送数据到达 NAT 路由器时,同样地会从地址池中选择一个未使用的地址进行分配,直至所有地址池中的地址分配完毕。动态 NAT 地址池中的地址用尽以后,只能等待被占用的公网地址被释放,其他主机才能使用它来访问公网。

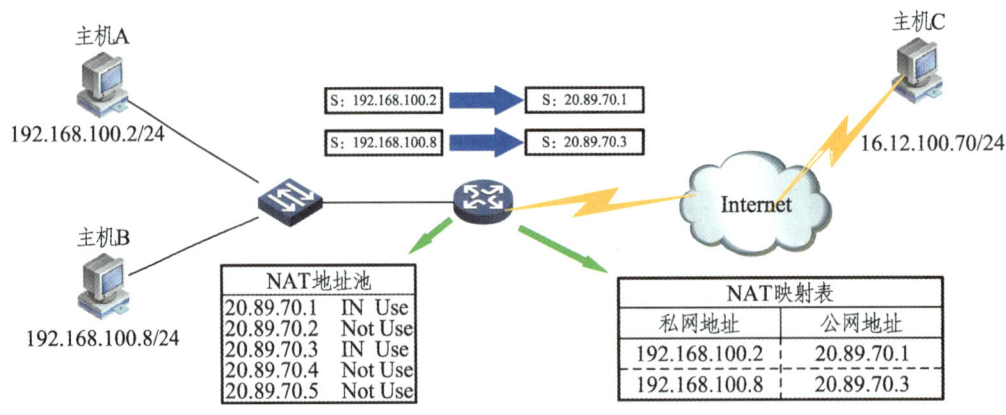

图 15.2　动态 NAT

与静态 NAT 的一对一映射不同，动态 NAT 实现了 IP 地址的多对多映射，这种方式增加了公网地址的利用率，也更加灵活。

15.2.3 NAPT

从静态 NAT 到动态 NAT，虽然实现了私网地址和公网地址的一对一转换和多对多转换，但是并没有缓解公网 IP 地址不够用的问题。

NAPT（Network Address Port Translation，网络地址端口转换）也被称为"一对多"的 NAT 或者叫 PAT。NAPT 允许多个内部地址映射到同一个公有地址的不同端口。

如图 15.3 所示，主机 A 和主机 B 的内网地址虽然不同，当数据发送到 NAT 路由器时，会被转换成同一个公网地址 20.89.70.1，在 NAT 映射表中通过端口号来区分不同的数据来源。

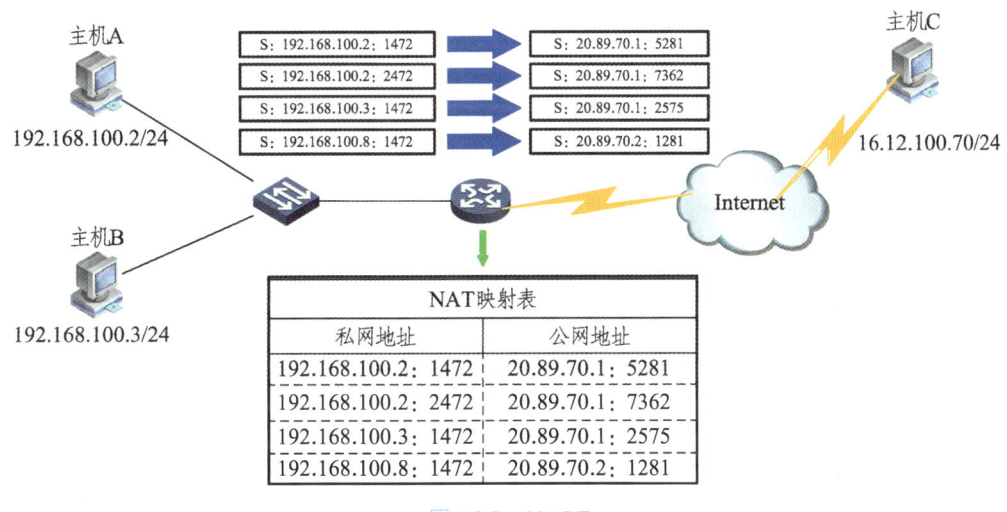

图 15.3 NAPT

与静态 NAT 和动态 NAT 相比，NAPT 通过使用 IP 地址+端口号的方式来区分数据源。这种方式能使用少量的公网地址实现大量私网地址的转换，极大地提高了公网地址的利用率。

15.2.4 Easy IP

Easy IP 适用于小规模局域网中的主机访问 Internet 的场景。在小规模局域网中，内部主机数量不多，接口可以通过拨号方式获取一个临时公网 IP 地址。Easy IP 可以实现内部主机共同使用这个临时公网 IP 地址访问 Internet。Easy IP 也称为基于接口的地址转换。在地址转换时，直接使用相应接口的 IP 地址作为转换后的源地址。Easy IP 适用于拨号接入 Internet 或动态获得 IP 地址的场合。

如图 15.4 所示，NAT 路由器的接口地址如果获取的接口 IP 地址是 20.89.70.1，则内网的所有私网地址都会被转换成公网地址 20.89.70.1，然后通过不同的端口号对数据进行区分。

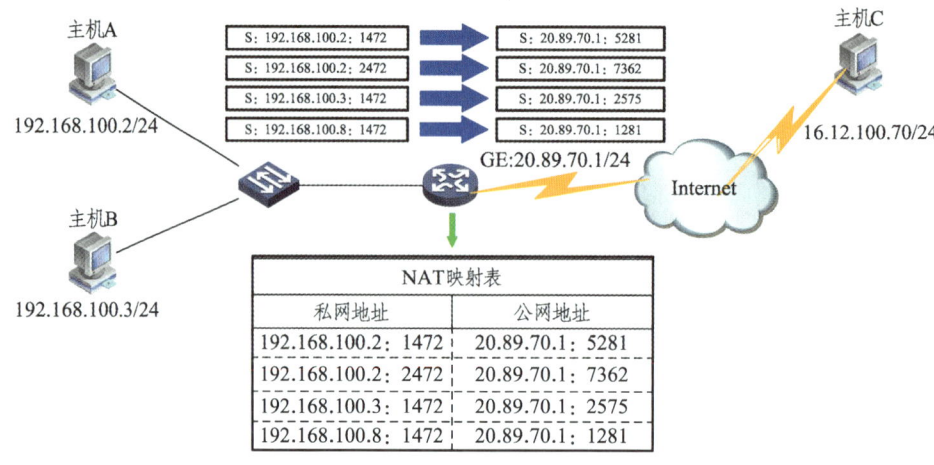

图 15.4　Easy IP

Easy IP 极大地简化了配置过程，同时有效节约了公网 IP 资源，提升了网络连通性和安全性。

15.3　配置示例

某公司采用一台三层交换机组建了一个内部局域网，局域网分为两个网段，分别用于日常办公和承载业务的服务器。现在需要通过增加一台路由器实现公司所有设备与外部网络的访问，其中网络运营商为公司分配的公网地址是 202.100.101.1/29。

1. 配置思路

（1）公网地址数量比较少，所以日常办公采取 NAPT 模式比较合适。
（2）对外提供业务的服务器需要有一个固定的 IP 地址，因此采用静态 NAT 比较合适。

2. 拓扑图规划

网络拓扑图如图 15.5 所示。

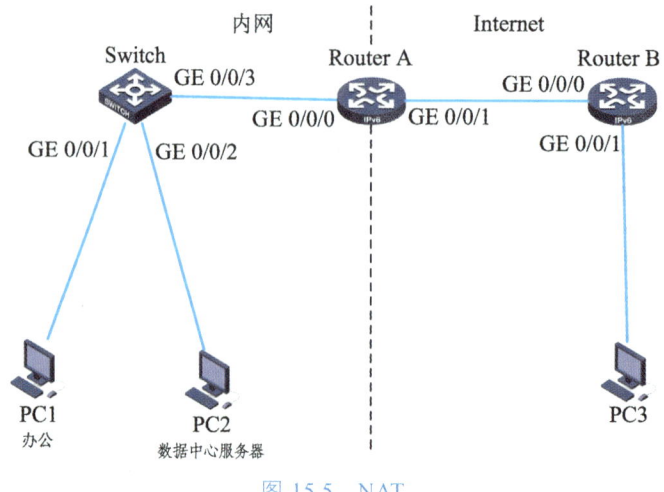

图 15.5　NAT

3. 数据规划

根据网络拓扑图和需求分析，完成网络数据的规划，见表 15.1。

表 15.1 数据规划

本端					对端		
设备名称	端口	端口属性	VID	IP 地址	设备名称	端口	IP 地址
Switch	GE 0/0/1	Access	10	172.16.10.1/24	PC1	Ethernet0/0/1	自动获取
Switch	GE 0/0/2	Access	20	172.16.20.1/29	PC2	Ethernet0/0/1	172.16.20.2/29
Switch	GE 0/0/3	Access	30	192.168.0.253/30	Router A	GE 0/0/0	192.168.0.254/30
Switch	Loopback			1.1.1.1/32			
Router A	GE 0/0/1			202.100.101.1/29	Router B	GE 0/0/0	202.100.101.2/29
Router A	Loopback			1.1.1.2/32			
Router B	GE 0/0/1			122.28.0.1/28	PC3	Ethernet0/0/1	122.28.0.2/28
Router B	Loopback			1.1.1.3/32			

4. 配置步骤

（1）Switch 的基础数据配置：

步骤一：按照数据规划表完成 Switch 的二层数据配置，执行命令如下：

```
[Switch]vlan batch 10 20 30
[Switch]interface GigabitEthernet0/0/1
[Switch-GigabitEthernet0/0/1]port link-type access
[Switch-GigabitEthernet0/0/1]port default vlan 10
[Switch-GigabitEthernet0/0/1]interface GigabitEthernet0/0/2
[Switch-GigabitEthernet0/0/2]port link-type access
[Switch-GigabitEthernet0/0/2]port default vlan 20
[Switch-GigabitEthernet0/0/2]interface GigabitEthernet0/0/3
[Switch-GigabitEthernet0/0/3]port link-type access
[Switch-GigabitEthernet0/0/3]port default vlan 30
```

步骤二：配置 Vlanif 接口数据，执行命令如下：

```
[Switch]interface Vlanif10
[Switch-Vlanif10]ip address 172.16.10.1 24
[Switch-Vlanif10]interface Vlanif20
[Switch-Vlanif20]ip address 172.16.20.1 29
[Switch-Vlanif20]interface Vlanif30
[Switch-Vlanif30]ip address 192.168.0.253 30
[Switch-Vlanif30]interface LoopBack1
[Switch-LoopBack1]ip address 1.1.1.1 32
```

步骤三：配置路由数据，执行命令如下：

```
[Switch]ospf
[Switch-ospf-1]import-route direct
[Switch-ospf-1]area 0
[Switch-ospf-1-area-0.0.0.0]network 192.168.0.252 0.0.0.3
```

步骤四：配置 DHCP 数据，执行命令如下：

```
[Switch]dhcp enable
[Switch]interface Vlanif10
[Switch-Vlanif10]dhcp select interface
```

（2）Router A 的基础数据配置：

步骤一：按照数据规划表完成 Router A 的接口数据配置，执行命令如下：

```
[Router A]interface GigabitEthernet0/0/0
[Router A-GigabitEthernet0/0/0]ip address 192.168.0.254 30
[Router A-GigabitEthernet0/0/0]interface GigabitEthernet0/0/1
[Router A-GigabitEthernet0/0/1]ip address 202.100.101.1 29
[Router A-GigabitEthernet0/0/1]interface LoopBack1
[Router A-LoopBack1]ip address 1.1.1.2 32
```

步骤二：配置 Router A 的路由数据，执行命令如下：

```
[Router A]ospf
[Router A-ospf-1]area 0
[Router A-ospf-1-area-0.0.0.0]network 192.168.0.252 0.0.0.3
```

步骤三：在 Router A 的 OSPF 协议中发布缺省路由（命令：default-route-advertise [[**always** / **permit-calculate-other**] / **cost** cost / **type** type / **route-policy** {route-policy-name} [**match-any**]]），执行命令如下：

```
[Router A-ospf-1]default-route-advertise always
```

📖 配置说明

① "**always**" 表示无论本机是否存在激活的非本 OSPF 进程的缺省路由，都会产生并发布一个描述缺省路由的 LSA。

② "**permit-calculate-other**"表示在发布缺省路由后，仍允许计算其他路由器发布的缺省路由。

③ "**route-policy** {route-policy-name }"表示路由表中有匹配的非本 OSPF 进程产生的缺省路由表项时，按路由策略所配置的参数发布缺省路由的匹配规则。

步骤四：在 Router A 配置到外网的缺省路由，执行命令如下：

[Router A]ip route-static 0.0.0.0 0.0.0.0 202.100.101.2

（3）Router B 的基础数据配置：

步骤一：按照数据规划表完成 Router A 的接口数据配置，执行命令如下：

[Router B]interface GigabitEthernet0/0/0
[Router B-GigabitEthernet0/0/0]ip address 202.100.101.2 29
[Router B-GigabitEthernet0/0/0]interface GigabitEthernet0/0/1
[Router B-GigabitEthernet0/0/1]ip address 122.28.0.1 28

（4）Router A 的静态 NAT 数据配置：

步骤一：通过静态 NAT 的数据配置，将 PC2 的私网地址 172.16.20.2 固定转换成公网地址 202.100.101.3（命令：**nat static** [protocol [protocol-number]| icmp | tcp | udp] **global** { global-address | current-interface | interface interface-type interface-number [.subnumber] } [vrrp vrrpid] **inside** host-address [vpn-instance vpn-instance-name] [netmask mask] [acl acl-number] [global-to-inside | inside-to-global] [description description]），执行命令如下：

[Router A]interface GigabitEthernet0/0/1
[Router A-GigabitEthernet0/0/1]nat static global 202.100.101.3 inside 172.16.20.2

（5）Router A 的 NAPT 数据配置：

步骤一：配置 NAT 公网地址池（命令：**nat address-group** {group-index } {start-address end-address}），执行命令如下：

[Router A]nat address-group 1 202.100.101.4 202.100.101.6　　//公网地址池范围

步骤二：制定 ACL 规则控制内部需要转换的地址，执行命令如下：

[Router A]acl 2000
[Router A-acl-basic-2000]rule deny source 172.16.20.2 0
[Router A-acl-basic-2000]rule permit source 172.16.0.0 0.0.255.255
[Router A-acl-basic-2000]rule deny source any

📖 配置说明

①172.16.20.2 前面已经使用静态 NAT 进行转换，因此不再进行转换。

②172.16.0.0 网段全部都进行转换。

③除了 172.16.0.0 网段，其余的 IP 都不进行转换。

步骤三：配置带地址池的 NAT Outbound（命令：**nat outbound** {acl-number} **address-group** {group-index }[no-pat]），执行命令如下：

```
[Router A]interface GigabitEthernet0/0/1
[Router A-GigabitEthernet0/0/1]nat outbound 2000 address-group 1
```

5. 查询配置结果

步骤一：在 eNSP 的工具栏点击 ，抓取 Router A 的 GE0/0/1 接口数据包，如图 15.6 所示。

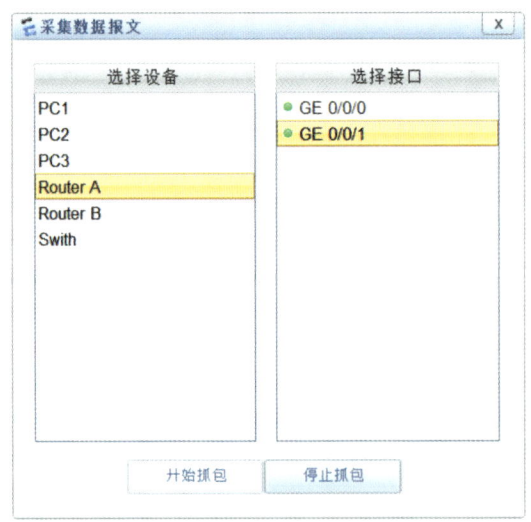

图 15.6　数据包抓取

步骤二：在 PC2 使用 ping 命令测试与 PC3 之间能否通信，并观察抓取的数据包，结果如图 15.7 所示。

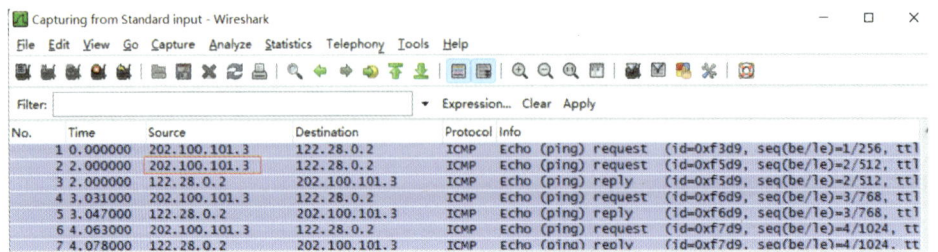

图 15.7　静态 NAT 地址转换数据包抓取结果

步骤三：在 PC1 使用 ping 命令测试与 PC3 之间能否通信，并观察抓取的数据包，结果如图 15.8 所示。

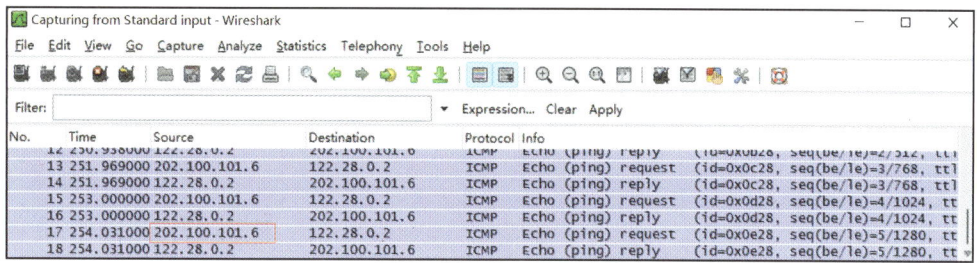

图 15.8　NAPT 地址转换数据包抓取结果

6. 常用命令汇总

VLAN 配置中常用的命令见表 15.2。

表 15.2　常用命令

命令名称	命令	说明
配置外部网络的 NAT 公网地址池	nat address-group {group-index} {start-address end-address}	动态 NAT 必选
创建 ACL 规则	acl {acl-number}	可选
配置带地址池的 NAT Outbound	nat outbound {acl-number} address-group {group-index} [no-pat]	必选
查看 NAT Outbound 信息	display nat outbound { acl {acl-number}/address-group group-index/interface {interface-type interface-number} {.subnumber} }	可选
查看 NAT 双向地址转换的相关信息	display nat overlap-address {{ map-index} /all/ inside-vpn-instance{inside-vpn-instance-name} }	可选
查看 NAT 映射表所有表项信息或个数	display nat mapping table { all/number }	可选

参考文献

[1] 唐继勇，龙兴旺. 计算机网络基础（微课版）[M]. 北京：人民邮电出版社，2019.

[2] 宋彦民. 计算机网络技术基础[M]. 2 版. 北京：清华大学出版社，2015.

[3] 郑阳平. 计算机网络基础与应用（实验指南）[M]. 北京：电子工业出版社，2020.